高等院校实践类系列教材

数据结构学习指导·实验指导·课程设计

（Java 语言描述）

陈　媛　刘　洁　卢　玲　涂　飞　等编著

机 械 工 业 出 版 社

本书分为上、中、下三篇，共 11 章。上篇是习题及解析篇，共 9 章。内容包括数据结构基本概念、线性表、栈和队列、串、数组与广义表、树和二叉树、图、查找、排序。每章包括内容介绍（含数据结构和习题解析）与习题两大模块。中篇是实验篇，内容包括实验流程及 11 个主题实验，每个实验分为基础练习、进阶练习和扩展练习 3 个模块，其难度是递进式的。下篇是课程设计篇，内容包括课程设计实施方案、评价标准及21 个课程设计备选题目。书后的附录给出了各章部分习题的参考答案、实验报告格式以及课程设计报告格式。

　　本书可作为高等院校计算机、信息或其他相关专业学生学习数据结构和其他程序设计类课程的参考教材，或研究生入学考试的辅导材料，也可作为广大参加自学考试的人员和软件工作者的参考用书。

图书在版编目（CIP）数据

数据结构学习指导·实验指导·课程设计：Java 语言描述/陈媛等编著.
—北京：机械工业出版社，2015.7
高等院校实践类系列教材
ISBN 978-7-111-50385-9

Ⅰ.①数… Ⅱ.①陈… Ⅲ.①数据结构 – 高等学校 – 教学参考资料
②JAVA 语言 – 程序设计 – 高等学校 – 教学参考资料　Ⅳ.①TP311.12；
TP312

中国版本图书馆 CIP 数据核字（2015）第 114812 号

机械工业出版社（北京市百万庄大街 22 号　邮政编码 100037）
策划编辑：郝建伟　　　责任编辑：郝建伟
责任校对：张艳霞
责任印制：李　洋
北京宝昌彩色印刷有限公司印刷
2015 年 8 月第 1 版·第 1 次印刷
184mm×260mm·13.5 印张·334 千字
0001–3000 册
标准书号：ISBN 978-7-111-50385-9
定价：35.00 元

前　言

计算机的日益发展，其应用早已不再局限于简单的数值运算，而涉及问题的分析、数据结构框架的设计以及插入、删除、排序、查找等复杂的非数值处理和操作。数据结构的学习就是为以后利用计算机高效地开发非数值处理的计算机程序打下坚实的理论、方法和技术基础。

数据结构是计算机及相关专业的专业基础课程之一，课程主要讨论程序设计中所涉及的各种逻辑结构、存储结构以及在这些结构上的算法实现和性能分析。通过这些知识点的学习，培养学生组织数据、存储数据和处理数据的能力，使学生掌握软件设计的理论和技术基础，从而为其学习后续课程打下根基。

1. 结构安排

本书分为上、中、下三篇，共 11 章。

上篇是习题及解析篇。内容包括数据结构基本概念、线性表、栈和队列、串、数组与广义表、树和二叉树、图、查找、排序，共 9 章。每章包括本章内容与习题两大模块，本章内容包括基本内容、学习要点、涉及的数据结构和习题解析四部分；习题包括基础题和综合题两部分。

中篇是实验篇，内容包括实验流程及 11 个主题实验，每个实验分为基础练习、进阶练习和扩展练习 3 个模块，其难度是递进式的。

下篇是课程设计篇，内容包括课程设计实施方案、评价标准及 21 个课程设计备选题目。

书后的附录给出了各章部分习题的参考答案、部分课程设计答案、实验报告格式以及课程设计报告格式。

书中的案例及习题覆盖了数据结构课程各章的关键知识点，并结合研究生入学考试的考点，以及数据结构在 acm/icpc 程序设计比赛中的应用案例，题量丰富，内容全面。实验指导及课程设计的安排注重教学的实用性与易用性。书中所有的算法和程序均采用 Java 语言描述并已调试通过。

2. 本书特点

1）以 Java 为编程语言。配合现在教学环节中采用的开源语言——Java，方便教师讲解数据结构的实现，也可以为学生自学提供良好的编码示范，以提高学生的实际动手能力。

2）内容深入浅出，重难点突出。数据结构课程是重庆市市级精品课程，课程组主讲教师多人多次荣获校优秀教师称号，教学效果历年都是名列前茅，能够从多年的教学经验和多项教研课题的研究成果中总结提炼出学习本课程的重难点和解决方法。

3）配套资源丰富。本书附有主要数据结构实现，习题、实验、课程设计的代码实现，方便学生自学。

4）内容自成一体。可以配合基于 Java 语言的数据结构教材，也可以脱离教材单独使用，是衔接课堂教学与实验教学、课后辅导、课程设计的较好的工具。

3. 适用对象

本书的读者要具有 Java 语言基础，通过本书的学习可以帮助读者树立面向对象的编程思想。可作为计算机、信息及其他相关专业的本专科教材，也是广大参加自学考试的人员和软件工作者的参考资料。本书既可作为"数据结构和/或算法"课程的辅导教材，也可作为其他程序设计类课程的辅导教材。

本书第 1 章由陈媛编写，第 2、5、6、10 章由刘洁编写，第 3、4、11 章由卢玲编写，第 7、8 章由涂飞编写，第 9 章由刘恒洋编写。全书由陈媛、刘洁统稿。

由于编者水平有限，书中错漏之处在所难免，敬请读者批评指正，以便我们及时修改。

编　者

目　录

前言

上篇　习题及解析篇

第1章　绪论 ………………………… 1
1.1　本章内容 ……………………… 1
1.1.1　基本内容 ……………… 1
1.1.2　学习要点 ……………… 1
1.1.3　习题解析 ……………… 1
1.2　习题 …………………………… 5
1.2.1　基础题 ………………… 5
1.2.2　综合题 ………………… 7
第2章　线性表 …………………… 10
2.1　本章内容 …………………… 10
2.1.1　基本内容 …………… 10
2.1.2　学习要点 …………… 10
2.1.3　本章涉及数据结构 … 10
2.1.4　习题解析 …………… 10
2.2　习题 ………………………… 14
2.2.1　基础题 ……………… 14
2.2.2　综合题 ……………… 16
第3章　栈和队列 ……………… 21
3.1　本章内容 …………………… 21
3.1.1　基本内容 …………… 21
3.1.2　学习要点 …………… 21
3.1.3　本章涉及数据结构 … 21
3.1.4　习题解析 …………… 22
3.2　习题 ………………………… 25
3.2.1　基础题 ……………… 25
3.2.2　综合题 ……………… 27
第4章　串 …………………………… 30
4.1　本章内容 …………………… 30
4.1.1　基本内容 …………… 30
4.1.2　学习要点 …………… 30
4.1.3　本章涉及数据结构 … 30
4.1.4　习题解析 …………… 31

4.2　习题 ………………………… 34
4.2.1　基础题 ……………… 34
4.2.2　综合题 ……………… 35
第5章　数组与广义表 ………… 37
5.1　本章内容 …………………… 37
5.1.1　基本内容 …………… 37
5.1.2　学习要点 …………… 37
5.1.3　本章涉及数据结构 … 37
5.1.4　习题解析 …………… 38
5.2　习题 ………………………… 41
5.2.1　基础题 ……………… 41
5.2.2　综合题 ……………… 43
第6章　树和二叉树 …………… 47
6.1　本章内容 …………………… 47
6.1.1　基本内容 …………… 47
6.1.2　学习要点 …………… 47
6.1.3　本章涉及数据结构 … 47
6.1.4　习题解析 …………… 48
6.2　习题 ………………………… 51
6.2.1　基础题 ……………… 51
6.2.2　综合题 ……………… 55
第7章　图 …………………………… 59
7.1　本章内容 …………………… 59
7.1.1　基本内容 …………… 59
7.1.2　学习要点 …………… 59
7.1.3　本章涉及数据结构 … 59
7.1.4　习题解析 …………… 60
7.2　习题 ………………………… 63
7.2.1　基础题 ……………… 63
7.2.2　综合题 ……………… 65
第8章　查找 ……………………… 68
8.1　本章内容 …………………… 68

8.1.1 基本内容 ·············· 68
8.1.2 学习要点 ·············· 68
8.1.3 本章涉及数据结构 ······ 68
8.1.4 习题解析 ·············· 69
8.2 习题 ····················· 73
8.2.1 基础题 ················ 73
8.2.2 综合题 ················ 74
第9章 排序 ················· 77

9.1 本章内容 ················· 77
9.1.1 基本内容 ·············· 77
9.1.2 学习要点 ·············· 77
9.1.3 本章涉及数据结构 ······ 77
9.1.4 习题解析 ·············· 78
9.2 习题 ····················· 82
9.2.1 基础题 ················ 82
9.2.2 综合题 ················ 84

中篇 实 验 篇

第10章 实验指导 ············· 86
10.1 实验指南 ················· 86
10.1.1 实验内容设置 ·········· 86
10.1.2 实验须知 ············· 87
10.1.3 实验环境说明 ·········· 87
10.2 实验步骤 ················· 87
10.3 实验内容 ················· 88
10.3.1 实验1 Java语言面向对象基础
编程 ················ 88
10.3.2 实验2 Java语言高级实用技术

编程 ················ 89
10.3.3 实验3 线性表 ········· 90
10.3.4 实验4 栈和队列 ······· 92
10.3.5 实验5 串 ············ 95
10.3.6 实验6 数组和广义表 ··· 97
10.3.7 实验7 树和二叉树 ····· 98
10.3.8 实验8 图 ··········· 100
10.3.9 实验9 查找 ········· 101
10.3.10 实验10 排序 ········ 104
10.3.11 实验11 递归 ········ 106

下篇 课程设计篇

第11章 课程设计 ············· 109
11.1 课程设计指南 ············· 109
11.1.1 课程设计须知 ········· 109
11.1.2 课程设计报告 ········· 110
11.2 课程设计题目 ············· 110
11.2.1 一元稀疏多项式计算器 ···· 110
11.2.2 成绩分析问题 ··········· 111
11.2.3 简单个人图书管理系统的设计与
实现 ················ 111
11.2.4 航班订票系统的设计与
实现 ················ 112
11.2.5 模拟浏览器操作程序 ····· 113
11.2.6 停车场模拟管理程序 ····· 114
11.2.7 哈夫曼编/译码器 ······· 117
11.2.8 二叉排序树与平衡二叉树的
实现 ················ 118
11.2.9 日期游戏 ············· 118

11.2.10 图的基本操作与实现 ······· 119
11.2.11 教学计划编制问题 ········· 120
11.2.12 全国交通咨询模拟 ········· 121
11.2.13 内部排序算法的性能分析 ··· 122
11.2.14 背包问题的求解 ·········· 122
11.2.15 简易电子表格的设计 ······· 123
11.2.16 电话号码查询系统 ········· 123
11.2.17 迷宫问题 ··············· 124
11.2.18 八皇后问题 ············· 124
11.2.19 滑雪场问题 ············· 125
11.2.20 农夫过河问题求解 ········· 126
11.2.21 木棒加工问题求解 ········· 127
附录 ·························· 129
附录A 部分习题参考答案 ······· 129
附录B 实验报告格式 ··········· 207
附录C 课程设计报告格式 ······· 207
参考文献 ······················ 210

上篇 习题及解析篇

第1章 绪 论

1.1 本章内容

1.1.1 基本内容

本章主要内容包括：数据、数据元素、数据对象、数据结构、逻辑结构、存储结构和数据类型等术语的含义；抽象数据类型的定义、表示和实现方法；算法的定义、算法设计的基本要求，从时间角度、空间角度分析算法性能的方法。

1.1.2 学习要点

1）熟悉各名词、术语的含义，掌握基本概念，特别是数据的逻辑结构和存储结构之间的关系。分清哪些是逻辑结构的性质，哪些是存储结构的性质。熟悉逻辑结构的四种基本类型和存储结构的两种基本形式表示方法。

2）理解算法的五个要素的确切含义。

- 动态有穷性（能执行结束）。
- 确定性（对于相同的输入执行相同的路径）。
- 有输入。
- 有输出。
- 可行性（算法所描述的操作都是可实现的）。

3）掌握计算语句频度的方法，以及估算算法时间复杂度的方法。

1.1.3 习题解析

单项选择题

【例1-1】计算机所处理的数据一般都具有某种内在联系，这种联系是指_____。

A. 数据和数据之间存在某种关系　　　　B. 元素和元素之间存在某种关系

C. 元素内部具有某种结构　　　　D. 数据项和数据项之间存在某种关系

【解答】B

【分析】数据结构是指相互之间存在一定关系的数据元素的集合，数据元素是讨论数据结构时涉及的最小数据单位，元素内部各数据项一般不予考虑。

【例1-2】 在数据结构中，与所使用的计算机无关的数据结构是_____。

A. 逻辑结构　　　B. 存储结构　　　C. 逻辑结构和存储结构　　　D. 物理结构

【解答】 A

【分析】 数据结构中，逻辑结构是对数据元素之间关系的描述，与所使用的计算机无关。存储结构又称为数据的物理结构，是指数据在计算机内存中的表示，与所使用的计算机紧密相关。

【例1-3】 在数据结构中，从逻辑上可以把数据结构分成_____。

A. 动态结构和静态结构　　　　　　B. 紧凑结构和非紧凑结构
C. 线性结构和非线性结构　　　　　D. 内部结构和外部结构

【解答】 C

【分析】 数据的逻辑结构反映了数据元素之间的逻辑关系。其中，一对一的称为线性关系，或线性结构；一对多的树形关系、多对多的图形关系统称为非线性关系，或非线性结构。所以，线性结构和非线性结构是根据数据元素之间关系的不同特性进行分类的，它描述了数据元素间的逻辑结构。其余几个选项均不能表示数据元素之间的逻辑关系。

【例1-4】 下面说法错误的是_____。

① 算法原地工作的含义是指不需要任何额外的辅助空间。
② 在相同的规模 n 下，复杂度 $O(n)$ 的算法在时间上总是优于复杂度 $O(n^2)$ 的算法。
③ 所谓时间复杂度是指最坏情况下，估算算法执行时间的一个上界。
④ 同一个算法，实现语言的级别越高，执行的效率就越低。

A. ①　　　　B. ①②　　　　C. ①④　　　　D. ③

【解答】 B

【分析】 算法原地工作是指算法的空间复杂度为 $O(1)$，即辅助存储空间的大小与问题的规模无关。例如冒泡排序时需要用于数据交换的辅助单元，但无论待排序数据有多少，所需的辅助单元只需一个。说法②考虑在时间上的性能，此时需要考虑时间复杂度和空间复杂度两者的关系，不能单纯通过时间复杂度衡量一个算法的优劣。

【例1-5】 设某算法完成对 n 个元素进行处理所需的时间是：$T(n) = 100n\log_2 n + 200n + 500$，则该算法的时间复杂度是_____。

A. $O(1)$　　　B. $O(n)$　　　C. $O(n\log_2 n)$　　　D. $O(n\log_2 n + n)$

【解答】 C

【分析】 估算算法的时间复杂度时，可以忽略所有低次幂和最高次幂的系数。

综合题

【例1-6】 下列二元组表示的数据结构，画出对应的逻辑图形表示，并指出它属于何种结构。

$L = (D, R)$，其中
$D = \{1, 2, 3, 4, 5, 6, 7, 8\}$
$R = \{r\}$
$r = \{<5, 1>, <1, 3>, <3, 8>, <8, 2>, <2, 7>, <7, 4>, <4, 6>\}$

【解答】 在 L 中，每一个数据元素有且只有一个前驱元素（除第一个结点 5 外），有且只有一个后继（除最后一个结点 6 外），所以为线性结构。其逻辑结构如图 1-1 所示。

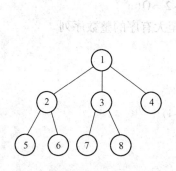

图 1-1　线性结构

【例 1-7】下列二元组表示的数据结构，画出对应的逻辑图形表示，并指出它属于何种结构。

T = (D,R)，其中
D = {1,2,3,4,5,6,7,8}
R = {r}
r = { <1,2> , <1,3> , <1,4> , <2,5> , <2,6> , <3,7> , <3,8> }

【解答】在 T 中，每一个数据元素有且只有一个前驱元素（除根结点 1 外），但可以有任意多个后继结点（树叶的后继结点为 0 个），所以为树形结构。其逻辑结构如图 1-2 所示。

【例 1-8】下列二元组表示的数据结构，画出对应的逻辑图形表示，并指出它属于何种结构。

G = (D,R)，其中
D = {1,2,3,4,5,6,7}
R = {r}
r = { <1,2> , <2,1> , <1,4> , <4,1> , <2,3> , <3,2> , <2,6> , <6,2> , <2,7> , <7,2> , <3,7> , <7,3> , <4,6> , <6,4> , <5,7> , <7,5> }

【解答】在 G 中，每一个数据元素可以有任意多个前驱元素和任意多个后继元素，所以是图形结构。其逻辑结构如图 1-3 所示。

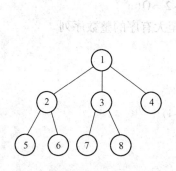
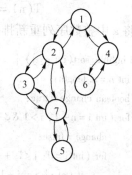

图 1-2　树形结构　　　　　　　　图 1-3　图形结构

【例 1-9】求下列算法的时间复杂度。
例：累加求和

```
static int sum(int[ ] a) {
    int n = a. length;
    int s = 0;                    // ①获取 a 数组的长度、给累加变量 s 赋初值
    for (int i = 0; i < n; i ++)  // ②进行累加求和
```

```
                s += a[i];
        return (s);                    // ③返回 s 的值
    }
```

【解答】 通常把算法中包含的简单操作的次数（也称为频度）称为算法的时间复杂性，它可看成是问题规模 n 的函数，记为 T(n)。当算法较复杂时，只要大致计算出相应的数量级即可，即求算法的渐近时间复杂度。

估算算法的渐近时间复杂度的常用方法如下：

- 多数情况下，求最深层循环内的简单语句（原操作）的重复执行的次数。
- 当难以精确计算原操作的执行次数时，只需求出它关于 n 的增长率或阶即可。
- 当循环次数未知（与输入数据有关）时，求最坏情况下，简单语句（原操作）重复执行的次数。

本例中第②步循环初始化条件 int i = 0 只执行 1 次；循环条件 i < n 执行了 n + 1 次，循环迭代和循环体均执行了 n 次，返回语句 return(s) 执行了一次，因此该算法的时间复杂度为：T(n) = 3n + 2 = O(n)。

【例 1-10】 矩阵相加。

```
//a,b,c 分别为 n 阶矩阵,a,b 表示两个加数,c 表示和
static void matrixadd(int a[][], int b[][], int c[][]) {
        int n = a. length;
        for (int i = 0; i < n; ++i)
                for (int j = 0; j < n; ++j)
                        c[i][j] = a[i][j] + b[i][j];
    }
```

【解答】 通过与上例相似的分析，可得到该算法的时间复杂度为：
$$T(n) = 4n^2 + 4n + 2 = O(n^2)$$

【例 1-11】 将 a 中整数序列重新排列成自小至大有序的整数序列。

```
static void bubble_sort(int a[]) {
        int n = a. length;
        boolean change = true;
        for (int i = n - 1; i > 1 && change; --i) {
                change = false;
                for (int j = 0; j < i; ++j)
                        if (a[j] > a[j + 1]) {
                                int temp = a[j];
                                a[j] = a[j + 1];
                                a[j + 1] = temp;
                                change = true;
                        }
        }
    }
```

【解答】 本例的基本操作为赋值操作，其次数未知，最坏情况下的次数为 n(n + 1)/2，

时间复杂度为 $O(n^2)$。

【例1-12】将 a 中整数序列重新排列成自小至大有序的整数序列。

```
static void select_sort( int a[ ] ) {
        int n = a. length;
        for ( int i = 0; i < n - 1; ++i ) {
            int j = i;
            int min = a[i];
            for ( int k = i + 1; k < n; ++k )
                if ( a[k] < a[j] ) {
                    j = k;
                    min = a[k];
                }
            if ( j != i ) {
                // a[j]←→a[i]
            }
        }
}
```

【解答】本例的基本操作为比较（数据元素）操作，时间复杂度为 $O(n^2)$。

【例1-13】将矩阵 a 和矩阵 b 相乘。

```
for ( int i = 0; i < n; ++i )
        for ( int j = 0; j < n; ++j ) {
            for ( int k = 0; k < n; ++k )
                c[i][j] += a[i][k] * b[k][j];
        }
```

【解答】本例的基本操作为乘法操作，时间复杂度为 $O(n^3)$。

1.2　习题

1.2.1　基础题

单项选择题

1. 数据对象是指_____。
   A. 描述客观事物且由计算机处理的数值、字符等符号的总称
   B. 数据的基本单位
   C. 性质相同的数据元素的集合
   D. 相互之间存在一种或多种特定关系的数据元素的集合

2. 在数据结构中，数据的基本单位是_____。
   A. 数据项　　　　B. 数据类型　　　　C. 数据元素　　　　D. 数据变量

3. 数据结构中数据元素之间的逻辑关系被称为_____。
   A. 数据的存储结构　B. 数据的基本操作　C. 程序的算法　　　D. 数据的逻辑结构

4. 数据结构是一门研究非数值计算的程序设计问题中的操作对象以及它们之间的_____和运算的学科。

    A. 结构   B. 关系   C. 运算   D. 算法

5. 在链式存储结构中，数据之间的关系是通过_____体现的。

    A. 数据在内存中的相对位置   B. 指示数据元素的指针

    C. 数据的存储地址   D. 指针

6. 在定义 ADT 时，除数据对象和数据关系外，还需说明_____。

    A. 数据元素   B. 算法   C. 基本操作   D. 数据项

7. 计算算法的时间复杂度是属于一种_____。

    A. 事前统计的方法   B. 事前分析估算的方法

    C. 事后统计的方法   D. 事后分析估算的方法

8. 在对算法的时间复杂度进行估计时，下列最佳的时间复杂度是_____。

    A. n^2 B. $n\log_2 n$ C. n D. $\log_2 n$

9. 设 n 是描述问题规模的非负整数，下面的程序片段的时间复杂度是_____。

```
x = 2;
while(x < n/2)
  x = 2 * x;
```

    A. $O(\log_2 n)$ B. $O(n)$ C. $O(n\log_2 n)$ D. $O(n^2)$

10. 有如下递归函数 fact(n)，其时间复杂度为_____。

```
int fact( int n){
    if( n ==0)
        retrun 1;
    else
        return(n * fact(n-1));
}
```

    A. $O(n)$ B. $O(n^2)$ C. $O(n^3)$ D. $O(n^4)$

11. 线性表若采用链式存储结构时，要求内存中可用存储单元的地址_____。

    A. 必须是连续的   B. 部分必须是连续的

    C. 一定是不连续的   D. 连续、不连续都可以

12. 线性结构的顺序存储结构是一种_____①_____的存储结构，线性表的链式存储结构是一种_____②_____的存储结构。

    A. 随机存取   B. 顺序存取   C. 索引存取   D. 散列存取

填空题

1. 数据结构由数据的_____①_____、_____②_____和_____③_____三部分组成。

2. 程序包括两个内容：_____①_____和_____②_____。

3. 数据结构在物理上可分为_____①_____存储结构和_____②_____存储结构。

4. 数据的物理结构，指数据元素在_____①_____中的表示，也即_____②_____。

5. 数据逻辑结构包括_____①_____、_____②_____和_____③_____三种类型。

6. 一个算法的时间复杂度是用该算法_____①_____的多少来度量的，一个算法的空间复杂度是用该算法在运行过程中所占用的_____②_____的大小来度量的。

7. 算法具有如下特点：_____①_____、可执行性、_____②_____、结果性、一般性。

8. 对于某一类特定的问题，算法给出了解决问题的一系列操作，每一操作都有它的_____①_____的意义，并在_____②_____内计算出结果。

9. 下面程序段中带 * 标注的语句的执行次数是_____。

```
i = 1;
while(i < n){
    for(j = 0; j < n; j ++){
        x = x + 1; // *
        i = i * 2;
    }
}
```

10. 下面程序段的时间复杂度为_____。

```
i = 1;
while(i <= n)
    i = i * 3;
```

1.2.2　综合题

1. 简述数据结构的四种基本关系，并画出它们的关系图。
2. 解释概念：（1）数据结构（2）抽象数据类型。
3. 描述抽象数据类型的概念与程序设计语言中数据类型概念的区别。
4. 设一个数据结构的逻辑结构如图 1-4 所示，请写出它的二元组定义形式。

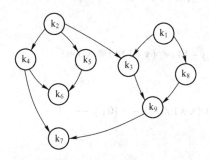

图 1-4　第 4 题的逻辑结构图

5. 在算法正确的情况下，应从哪几个方面来衡量一个算法的优劣？
6. 求算法的功能及时间复杂度。

```
p = 1.0; d = n; f = n;        //n 为一正整数
while(d > 0){
        if(d%2 == 1) p = p * f;
        f = f * f; d = d/2;
}
```

7. 设 n 为正整数。试确定下列各程序段中前置以记号 @ 的语句的频度：

```
(1) i = 1; k = 0;
        while (i <= n - 1) {@ k += 10 * i;
            i ++;
    }
(2) i = 1; k = 0;
        do{@ k += 10 * i;
            i ++;
        } while (i <= n - 1);
(3) i = 1; k = 0;
        while (i <= n - 1) {
            i ++;
            @ k += 10 * i;
        }
(4) k = 0;
        for ( i = 1; i <= n; i ++) {for ( j = i; j <= n; j ++)
                @ k ++;
    }
(5) i = 1; j = 0;
        while (i + j <= n) { @ if (i > j) j ++;
            else i ++;
    }
(6) for(i = 1; i <= n; i ++)
        for (j = 1; j <= i; j ++)
            for (k = 1; k <= j; k ++)
                @ x ++;
(7) x = n; y = 0;
        while (x > = (y + 1) * (y + 1)){@ y ++;
    }
(8) x = 91; y = 100;
        while (y > 0) {@ if (x > 100) {x - = 10; y -- ; }
            else x ++;
    }
```

8. 阅读下列算法：

```
void suan_fa( int n) {
        int i, j, s, x;
        for(s = 0, i = 0; i < n; i ++)
            for(j = i; j < n; j ++)
                s ++;
        i = 1;
        j = n;
        x = 0;
        while(i < j) {
```

```
                i ++ ;
                j -- ;
                x += 2 ;
            }
        System. out. println( "s = " + s +", x = " + x) ;
    }
```

（1）分析算法中语句"s ++ ;"的执行次数。

（2）分析算法中语句"x + = 2;"的执行次数。

（3）分析算法的时间复杂度。

（4）假定 n = 5，试指出执行该算法的输出结果。

9. 下列是求解汉诺塔问题的递归算法，请分析该算法的时间复杂度。

```
void hanoi( int n, char x, char y, char z) {
    if( n == 1)
        move( x,1,z) ;
    else {
        hanoi( n - 1, x,z,y) ;
        move( x,n,z) ;
        hanoi( n - 1,y,x,z) ;
    }
}
```

10. 试写一算法，自大至小依次输出顺序读入的三个整数 X、Y 和 Z 的值。

11. 试编写一个求一元多项式 $P_n(x) = \sum_{i=0}^{n} a_i x^i$ 的值 $P_n(x_0)$ 的算法，并确定算法中每一条语句的执行次数和整个算法的时间复杂度（注意：选择认为较好的输入和输出方法）。输入是 $a_i(i = 0,1,2,\cdots,n)$、x_0 和 n，输出为 $P_n(x_0)$。

第2章 线 性 表

2.1 本章内容

2.1.1 基本内容

本章主要内容包括：线性表的定义、线性表的逻辑结构特点及基本运算；在线性表的两类存储结构（顺序存储结构和链式存储结构）上实现基本操作；线性表的应用示例。

2.1.2 学习要点

1）了解顺序表和链表的概念、含义、区别。

2）熟练掌握顺序存储和链式存储这两类存储结构的描述方法。

3）熟练掌握线性表在顺序存储结构上的基本操作：查找、插入和删除的算法。

4）熟练掌握在各种链式存储结构中实现线性表操作的基本方法，能在实际应用中选用适当的链式存储结构。

5）能够从时间复杂度和空间复杂度的角度，综合比较线性表的两种存储结构的特点及其各自的适用场合。

2.1.3 本章涉及数据结构

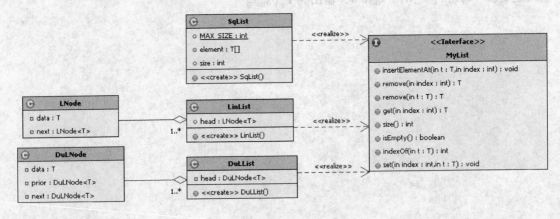

2.1.4 习题解析

单项选择题

【例2-1】n个结点的线性表采用数组实现，算法的时间复杂度是 O（1）的操作是

_____。

A. 访问第 i 个结点（1≤i≤n）和求第 i 个结点的直接前驱（2≤i≤n）

B. 在第 i 个结点后插入一个新结点（1≤i≤n）

C. 删除第 i 个结点（1≤i≤n）

D. 以上都不对

【解答】A

【分析】求第 i 个结点的直接前驱即是访问第 i−1 个结点，在顺序表中实际是按位置访问，因此时间性能为 O(1)。在顺序表的第 i 个位置进行插入和删除操作，其时间性能均为 O(n)。

【例 2-2】顺序表的插入算法中，当 n 个空间已满时，可再申请增加分配 m 个空间，若申请失败，则说明系统没有_____可分配的存储空间。

A. m 个　　　　　B. m 个连续的　　　　C. n+m 个　　　　D. n+m 个连续的

【解答】D

【分析】顺序存储中原来需要连续的存储空间，再申请时需申请 n+m 个连续的存储空间，然后将线性表原来的 n 个元素复制到新申请的 n+m 个连续的存储空间的前 n 个单元。

【例 2-3】在一个长度为 n（n>1）的带头结点的单链表 h 上，另设有尾指针 r 指向尾结点，则执行_____操作与链表的长度有关。

A. 删除单链表中的第一个元素

B. 删除单链表中的最后一个元素

C. 在单链表的第一个元素前插入一个新元素

D. 在单链表的最后一个元素后插入一个新元素

【解答】B

【分析】删除最后一个元素时，需要先找到被删除元素的前驱结点，虽然单链表增设了尾指针，但不能从尾指针出发直接找到其前驱结点，仍需从头结点出发遍历整个单链表，因此需要 O(n) 的时间。其他操作只需 O(1) 时间。

【例 2-4】与单链表相比，双向链表的优点之一是_____。

A. 插入、删除操作更加简单　　　　B. 可以随机访问

C. 可以省略表头指针或表尾指针　　D. 访问相邻结点更加灵活

【解答】D

【分析】双向链表中，每个结点包括两个指针域，一个指向其前驱结点，另一个指向其后继结点，因此，对结点的前驱、后继结点都可以直接访问。而单链表则只能直接访问其后继结点，因此选项 D 是正确的。由于双向链表比单链表结构复杂，所以在插入和删除元素时，要修改更多的指针域，相对比较复杂，所以选项 A 错误。单链表和双向链表在空间存储上的不连续性决定了两者都不可以随机访问，所以选项 B 错误。

综合题

【例 2-5】编写算法：将一个单链表逆置。要求在原表上进行，不允许新建链表。

【解答】该算法可以在遍历原表的时候将各结点的指针逆转，从原表的第一个结点开始，头结点的指针在最后修改成指向原表的最后一个结点，即新表的第一个结点。

实现本题功能的算法。

```
static < T > void inverse( LNode < T > h) {
```

```
LNode < T > s = h. getNext( ) ;
if( s  == null) return ;
LNode < T > q = null ;
LNode < T > p = s ;
while( p!= null) {
    p = p. getNext( ) ;
    s. setNext( q) ;        //逆转指针
    q = s;                 //指针前移
    s = p;
}
h. setNext( q) ;           //头指针 h 的后继是 q
}
```

【例2-6】 编写算法：将两个按元素值递增有序排列的单链表 A 和 B 归并，形成一个按元素值递增有序排列的单链表 C。

【解答】对于两个或两个以上的、结点按元素值有序排列的单链表进行操作时，可采用"指针平行移动，依次扫描完成"的方法。从两表的第一个结点开始，沿链表将对应数据元素逐个进行比较，复制较小的元素，并将其插入 C 表尾。当 A，B 两表中任一到达表尾时，则复制另一个链表的剩余部分，插入到 C 表尾。设 pa、pb 分别指向两表当前结点，p 指向 C 表的当前表尾结点。若设 A 中当前所指的元素为 a，B 中当前所指的元素为 b，则当前应插入到 C 中的元素 c 为

$$c = \begin{cases} a; & a \leq b \\ b; & a > b \end{cases}$$

例如：A = (3,5,8,11)   B = (2,6,8,9,11,15,20)
则：C = (2,3,5,6,8,8,9,11,11,15,20)
此算法的时间复杂度为 O(m + n)，其中 m、n 分别是两个被合并表的表长。
实现本题功能的算法：

```
static < E extends Comparable < E >> LNode < E > hb( LNode < E > pa, LNode < E > pb) {
    LNode < E > pc = new LNode < E > ( ) ;         // 建立表 C 的头结点 pc
    LNode < E > p = pc ;                          // p 指向 C 表头结点
    while ( pa!= null && pb!= null) {
    LNode < E > q = new LNode < E > ( ) ;   // 建立新结点 q
    //比较 A、B 表中当前结点的数据域值 data 的大小
    if ( pb. getData( ). compareTo( pa. getData( )) < 0) {
        q. setData( pb. getData( )) ;        // B 中结点值小，将其值赋给 q 的数据域 data
        pb = pb. getNext( ) ;               // B 中指针 pb 后移
    } else {
        q. setData( pa. getData( )) ;        // 相反，将 A 结点值 data 赋给 q 的数据域 data
        pa = pa. getNext( ) ;               // A 中指针 pa 后移
    }
    p. setNext( q) ;                        // 将 q 接在 p 的后面
```

```
                    p = q;                              // p 始终指向 C 表当前尾结点
            }
            while ( pa! = null ) {      // 若表 A 比 B 长,将 A 余下的结点链在 C 表尾
                LNode < E > q = new LNode < E > ();     // 建立新结点 q
                q. setData( pa. getData( ));
                pa = pa. getNext( );
                p. setNext( q);
                p = q;
            }
            while ( pb! = null ) {      // 若表 B 比 A 长,将 A 余下的结点链在 C 表尾
                LNode < E > q = new LNode < E > ();  // 建立新结点 q
                q. setData( pb. getData( ));
                pb = pb. getNext( );
                p. setNext( q);
                p = q;
            }
            p. setNext( null);
            p = pc;                                 // p 指向表 C 的头结点 pc
            pc = p. getNext( );                     // 改变指针状态,使 pc 指向 p 的后继
            return pc;
    }
```

【**例 2-7**】假设有两个集合 A 和 B,分别用线性表 LA 和 LB 表示(即线性表中的数据元素即为集合中的成员),现要求一个新的集合 A = A∪B。

【**解答**】要求对线性表做如下操作:扩大线性表 LA,将存在于线性表 LB 中而不存在于线性表 LA 中的数据元素插入到线性表 LA 中去。

解题思路:从线性表 LB 中依次取得每个数据元素:lb. get(i)→e;依次在线性表 LA 中进行查找:la. contains(e);若不存在,则插入之:la. add(e)。

例如:LA = (1,2,3,4,5); LB = (-1,1,4,8,9)

则:LA = (1,2,3,4,5, -1,8,9)

实现本题功能的算法:

```
        void union( List < Integer > la, List < Integer > lb) {
            int lb_len = lb. size( );                    //求线性表的长度
            for( int i = 0; i <= lb_len; i ++ ) {
                int e = lb. get( i);                     //取 LB 中第 i 个数据元素赋给 e

                if( !la. contains( e)) {     //LA 中不存在和 e 相同的数据元素,则插入之
                    la. add( e);
                }
            }
```

2.2 习题

2.2.1 基础题

单项选择题

1. 链表不具有的特点是_____。
   - A. 可随机访问任一元素
   - B. 插入和删除时不需要移动元素
   - C. 不必预先估计存储空间
   - D. 所需空间与线性表的长度成正比

2. 线性链表（动态）是通过_____方式表示元素之间的关系的。
   - A. 保存后继元素地址
   - B. 元素的存储顺序
   - C. 保存左、右孩子地址
   - D. 保存后继元素的数组下标

3. 设顺序表的每个元素占8个存储单元。第1个单元的存储地址是100，则第6个元素占用的最后一个存储单元的地址为_____。
   - A. 139
   - B. 140
   - C. 147
   - D. 148

4. 设顺序表的长度为n，并设从表中删除元素的概率相等。则在平均情况下，从表中删除一个元素需移动的元素个数是_____。
   - A. $(n-1)/2$
   - B. $n/2$
   - C. $n(n-1)/2$
   - D. $n(n+1)/2$

5. 在线性链表存储结构下，插入操作算法_____。
   - A. 需要判断是否表满
   - B. 需要判断是否表空
   - C. 不需要判断表满
   - D. 需要判断是否表空和表满

6. 一个长度为 n（n>1）的单链表，已知有头、尾两个指针，则执行_____操作与链表的长度有关。
   - A. 删除单链表的第一个元素
   - B. 删除单链表的最后一个元素
   - C. 在单链表的第一个元素前插入一个新元素
   - D. 在单链表的最后一个元素后插入一个新元素

7. 在一个单链表中，若删除 p 所指结点的后继结点，则执行_____。
   - A. p. next = p. next. next;
   - B. p. next = p. next;
   - C. p = p. next. next;
   - D. p = p. next; p. next = p. next. next;

8. 一个非空线性链表，在由 p 所指结点的后面插入一个由 q 所指的结点的过程是依次执行动作_____。
   - A. q. next = p; p. next = q;
   - B. q. next = p. next; p. next = q;
   - C. q. next = p. next; p = q;
   - D. p. next = q; q. next = p;

9. 将长度为 n 的单链表接在长度为 m 的单链表之后的算法时间复杂度为_____。
   - A. O(n)
   - B. O(1)
   - C. O(m)
   - D. O(m+n)

10. 非空单循环链表的头指针为 head，其尾结点（由 p 所指向）满足_____。
   - A. p. next == null
   - B. p == null
   - C. p. next == head
   - D. p == head

11. 一个非空双向循环链表，在由 q 所指结点的前面插入一个 p 所指的结点，其动作对应的语句依次为：

p. next = q;

p. prior = q. prior;

q. prior = p;

_____

A. q. next = p;　　B. q. prior. next = p;　　C. p. prior. next = p;　　D. p. nextr. prior = p;

12. 一个双向循环链表，在 p 所指结点的后面插入一个 f 所指的结点，其操作是_____。

A. p. next = f; f. next = p; (p. next). prior = f; f. next = p. next;

B. p. next = f; (p. next). prior = f; f. next = p; f. next = p. next;

C. f. prior = p; f. next = p. next; p. next = f; (p. next). prior = f;

D. f. prior = p; f. next = p. next; (p. next). prior = f; p. next = f;

13. 设线性表有 n 个元素，以下操作中，_____在顺序表上实现比在链表上实现效率更高。

A. 输出第 i 个（$0 \leqslant i < n-1$）数据元素的值

B. 交换第 1 个数据元素与第 2 个数据元素的值

C. 顺序输出这 n 个数据元素的值

D. 输出与给定值 x 相等的数据元素在线性表中的序号

14. 若某链表最常用的操作是在最后一个结点之后插入一个元素和删除最后一个元素，则采用_____存储方式最节省运算时间。

A. 单链表　　　　　　　　　　B. 双向链表

C. 单循环链表　　　　　　　　D. 带头结点的双循环链表

15. 若线性表最常用的操作是存取第 i 个元素及其前驱和后继元素的值，则为节省时间，应采用的存储方式是_____。

A. 单链表　　　B. 双向链表　　　C. 单循环链表　　　D. 顺序表

填空题

1. 单链表中设置头结点的作用是_____。

2. 在带表头结点的单链表中，当删除某一指定结点时，必须找到该结点的_____结点。

3. 在双向链表中，每个结点有两个指针域，一个指向___①___，另一个指向___②___。

4. 带头结点的单链表 L 为空的判定条件是___①___，不带头结点的单链表 L 为空的判定条件是___②___。

5. 在单链表中，指针 p 所指结点为最后一个结点的判定条件是_____。

6. 带头结点的双向循环链表 L 为空表的条件是_____。

7. 将两个各有 n 个元素的有序表归并成一个有序表，其最少的比较次数是_____。

8. 一个长度为 n 的线性表，要删除第 i 个元素，当在顺序表示的情况下，其时间复杂度为___①___；在链式表示的情况下，其时间复杂度为___②___。

9. 一个长度为 n 的顺序表，在其第 i 个元素（$0 \leqslant i \leqslant n-1$）之前插入一个元素时，需向后移动元素的个数是_____。

10. 在长度为 n 的顺序表中插入一个元素的时间复杂度为_____。

2.2.2 综合题

1. 描述以下四个概念的区别：头指针变量，头指针，头结点，首结点（第一个结点）。

2. 简述线性表的两种存储结构有哪些主要优缺点及各自适用的场合。

3. 已知一个顺序表 A，其中的元素按值非递减有序排列。编写一个函数，插入一个元素 x 后保持该顺序表仍按非递减有序排列。

4. 设有一个线性表（e_0，e_1，…，e_{n-2}，e_{n-1}），存放在一个一维数组 A[arraySize]中的前 n 个元素位置。请编写一个函数将这个线性表原地逆置，即将数组的前 n 个元素内容置换为（e_{n-1}，e_{n-2}，…，e_1，e_0）。

参考算法代码形式如下：

```
< E > void inverse( E A[ ]) {……}
```

5. 编写算法，实现删除当前顺序表中所有值为 x 的数据元素，并使此操作的时间复杂度为 O(n)、空间复杂度为 O(1)，其中 n 为顺序表的长度。

6. 已知顺序结构线性表（SqList），表中的元素按非降序排列。请编写高效算法，删除表中的重复元素。

例如，若原表为（1,1,2,3,3,3,4,5,5），经过算法处理后，表为（1,2,3,4,5）。

参考算法代码形式如下：

```
int packSList( SqList < Integer > L)    {……}
```

7. 已知单链表的结构定义如下：

```
class LinkNode < E > {
    E data;
        LinkNode next;
}
```

请编写一个算法（写出算法代码），将指定的一个单链表（带头结点）交叉合并到另一个单链表（带头结点）中。例如，对单链表 A(a1 a2 a3 …) 和 B(b1 b2 b3 …) 使用该算法，应该得到单链表 A(a1 b1 a2 b2 a3 b3 …)，B 为空表。

8. 假设 L 是一个带头结点的单链表，链表元素的取值范围为 1 到 MAXSIZE 之间的整数。试给出下面算法的功能及参数 S 的含义。

```
void A(Lnode < Integer > h, int[ ] s, int MAXSIZE) {
        for ( int i = 1; i <= MAXSIZE; i ++)
                s[ i] = 0;
        if ( h! = null) {
                Lnode < Integer > p = h. next;
                while ( p! = null) {
```

```
                    s[ p. data] ++ ;
                    p = p. next;
                }
            }
        }
```

9. 下面是一个链式存储线性表（带头结点）的选择排序函数。在排序过程中，依次选出键值从小到大的结点并顺序组织成有序链表，即每次选出的键值最小的结点接在已部分完成的有序链表的末尾。请在下画线序号处填上适当内容，每处只填一个语句。

```
class Node{
    char data;
    Node link;
    Node select_sort( Node h) {
        Node tail, u, v, p;
        tail = h;
        while( tail. link != null) {
            for( u = tail. link, p = tail; u. link != null;_____①_____)
                if( u. link. data < p. link. data)_____②_____;
            if( p != tail) {
                v = p. link; p. link = v. link;
                _____③_____;_____④_____;
            }
            _____⑤_____;
        }
        return h;
    }
}
```

10. 设一单链表，结点由整数数据和指针项组成，计算链表中数据只出现一次的结点个数，要求空间复杂度为 O(1)。编写算法，并写出程序。

11. 已知无头结点单链表 A 和 B 表示两个集合，本算法实现 A = A – B（集合的补运算），请填充以下空格。

```
class Lnode{
    int data;
    Lnode next;
    Lnode setminus( Lnode A, Lnode B) {
        Lnode p, q ;
        p = _____①_____ ;
        p. next = A ; A = p ;
        while( B != null) {
            p = A ;
            while( _____②_____ )
```

```
                    if( B. data == p. next. data) {
                        q = p. next;     ③    ; }
                    else     ④    ;
                        ⑤    ;
                }
            A = A. next;
            return A;
        }
    }
```

12. 已知单链表的结构定义如下：

```
classLinkNode{
    int data;
    LinkNode next;
}
```

请编写算法（写出算法代码），实现两个有序（升序）单链表的归并。例如，将有序单链表 B 归并到有序单链表 A 中后，A 为归并后的单链表，而 B 变为空表。

13. 编写一个函数，将一个头结点指针为 a 的单链表 A 分解成两个单链表 A 和 B，其头结点指针分别为 a 和 b。使得 A 链表中含有原链表 A 中序号为奇数的元素，而 B 链表中含有原链表 A 中序号为偶数的元素，且保持原来的相对顺序。

14. 已知 A、B 为两个递增有序的线性表，现要求做如下操作：建立 C 表，C 表包含的元素为那些既在 A 表中又在 B 表中的元素。要求算法的空间复杂度最小。请写出该算法。

15. 设将 n(n>1) 个整数存放到一维数组 R 中，试设计一个在时间和空间方面都尽可能高效的算法，将 R 中保存的序列循环右移 p(0<p<n) 个位置，即将 R 中的数据由 $(x_0, x_1, x_2, \cdots, x_{n-1})$ 变为 $(x_p, x_{p+1}, \cdots, x_{n-1}, x_0, x_1, \cdots, x_{p-1})$。

16. 一个长度为 L (L≥1) 的升序序列 S，处在第 [L/2] 个位置的数称为 S 的中位数。例如，若序列 S1 =(11,13,15,17,19)，则 S1 的中位数是 15，两个序列的中位数是含它们所有元素的升序序列的中位数。例如，若 S2 =(2,4,6,8,20)，则 S1 和 S2 的中位数是 11。现在有两个等长升序列 A 和 B，试设计一个在时间和空间都尽可能高效的算法，找出两个序列 A 和 B 的中位数。

17. 编写一个函数，删除元素递增排列的链表 L 中值大于 mink 且小于 maxk 的所有元素。

18. 在下面所给的程序段 program_1 中，函数 create() 用于建立 n 个结点的链表，函数 print() 用于打印链表，函数 exchange() 以给定的链表 head 的第一个结点的值为标准，把小于此值的结点移到链表的前面，将大于等于此值的所有结点移到链表的后面。

```
//program_1
import java. util. Scanner;
class Node{
    int data;
    Node link;
```

```
Node create( int n )  {
    Node p;
    if( n == 0 ) return ( null );
    Scanner sc = new Scanner( System. in );
    Node p = new Node( );
    p. data = sc. nextInt( );
    _____①_____ ;
    return ( p );
}
static void print( Node head )  {
    if( head != null )  {
        System. out. print ( head. data + " " );
        _____②_____ ;
    }
}
Node exchange( Node head )  {
    Node p, q, h = null, r = null;
    int t;
    if( head != null && head. link != null )  {
        t = head. data;
        p = head;
        while( p. link != null )
            if( p. link. data < t )  {
                q = p. link;
                _____③_____ ;
                if( h == null )  h = q;
                else _____④_____ ;
                r = q;
            }
            else _____⑤_____ ;
        if( h != null )
        {  _____⑥_____ ;    head = h;  }
    }
    return( head );
}
```

19. 在头结点为 h 的单链表中，把值为 b 的结点 s 插入到值为 a 的结点之前，若不存在 a，就把结点 s 插入到表尾。

20. 用带头结点的双向循环链表表示的线性表 $L = \{a_1, a_2, \cdots, a_i, \cdots, a_n\}$，试写一时间复杂度为 $O(n)$ 和空间复杂度为 $O(1)$ 的算法，将 L 改为 $\{a_1, a_3, a_5, \cdots, a_n, \cdots, a_6, a_4, a_2\}$。

21. 设有一个正整数序列组成的有序单链表（按递减次序有序，且允许有相等的整数存在），试编写能实现下列功能的算法：（要求用最少的时间和最小的空间）

1）确定在序列中比正整数 x 大的数有几个（相同的数只计算一次）。序列如下：

$\{20,20,17,16,15,15,11,10,8,7,7,5,4\}$ 中比 10 大的数有 5 个。

2）将单链表中比正整数 x 小的数按递增次序排列。

3）将比正整数 x 大的偶数从单链表中删除。

22. 已知 p 是指向单循环链表的最后一个结点的指针。试编写只包含一个循环的算法，将线性表 $(a_1, a_2, \cdots\cdots, a_{n-1}, a_n)$ 改造为 $(a_1, a_2, \cdots\cdots, a_{n-1}, a_n, a_{n-1}, \cdots\cdots, a_2, a_1)$。

23. 假设有一个循环链表的长度大于 1，且表中既无头结点也无头指针。已知 p 为指向链表中某结点的指针，试编写算法在链表中删除结点 p 的前驱结点。

24. 已知一个带表头结点的单链表，结点结构为：

data	link

假设该链表只给出了头指针 list。在不改变链表的前提下，请设计一个尽可能高效的算法，查找链表倒数第 k 个位置上的结点（k 为正整数）。若查找成功，输出该结点的 data 域的值，并返回 1；否则，只返回 0。

25. 已知单循环链表中的数据元素含有三类字符（即字母字符、数字字符和其他字符）。试编写算法构造三个单循环链表，使每个单循环链表中只含同一类字符，且利用原表中的结点空间作为这三个表的结点空间，头结点可另辟空间。

26. 设多项式 $p(x) = a_0 + a_1 x^1 + a_2 x^2 + \cdots + a_n x^n$，已知存储系数的数组 a[ ]，多项式的幂次 n 及 x，编写如下函数，求出多项式的值。函数原型如下：

```
double poly(double a[ ], int n, double x);
```

27. 假设有一个单向循环链表，其结点含三个域：pre、data 和 next，每个结点的 pre 值为空指针。试编写算法：将此链表改造为双向循环链表。

第3章 栈和队列

3.1 本章内容

3.1.1 基本内容

本章主要内容包括：栈的结构特性；队列的结构特性；如何分别在两种存储结构上实现栈和队列的基本操作；栈和队列在程序设计中的应用。

3.1.2 学习要点

1）掌握栈和队列的结构特点，了解在什么问题中应该使用哪种结构以及如何使用。

2）熟悉栈（队列）和线性表的关系；顺序栈（顺序队列）和顺序表的关系；链栈（链队列）和链表的关系。

3）重点掌握在顺序栈和链栈上实现的栈的基本运算，特别注意栈满、栈空的判定条件及其描述方法。

4）重点掌握在循环队列和链队列上实现的基本运算，特别注意队满、队空的判定条件及其描述方法。

5）熟悉栈和队列的下溢和上溢的概念；顺序队列中产生假上溢的原因；循环队列消除假上溢的方法。

3.1.3 本章涉及数据结构

栈：

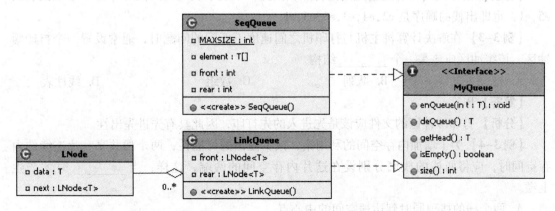

队列：

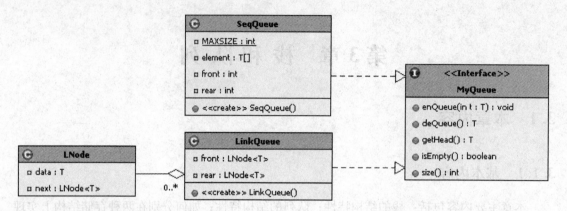

3.1.4 习题解析

单项选择题

【例3-1】若一个栈的输入序列是1，2，3，…，n，其输出序列是p1，p2，…，pn，若p1 =3，则p2 的值_____。

A. 一定是2　　　　　B. 一定是1　　　　　C. 不可能是1　　　　　D. 以上都不对

【解答】C

【分析】由于p1 =3，说明1，2，3 均入栈后3 出栈，此时可能将当前栈顶元素2 出栈，也可以继续执行入栈操作，因此p2 的值可能是2，但一定不可能是1，因为1 不是栈顶元素。

【例3-2】设栈S 和队列Q 的初始状态为空，元素e1,e2,e3,e4,e5,e6 依次通过栈S，一个元素出栈后即进入队列Q，若6 个元素出队的顺序是e2,e4,e3,e6,e5,e1，则栈S 的容量至少应该是_____。

A. 6　　　　　　　B. 4　　　　　　　C. 3　　　　　　　D. 2

【解答】C

【分析】由于队列具有先进先出的特点，因此，本题中队列的入队顺序是e2,e4,e3,e6,e5,e1，也即出栈的顺序是e2,e4,e3,e6,e5,e1。

【例3-3】在解决计算机主机与打印机之间速度不匹配的问题时，通常设置一个打印缓冲区，该缓冲区应该是一个_____结构。

A. 栈　　　　　　　B. 队列　　　　　　　C. 数组　　　　　　　D. 线性表

【解答】B

【分析】打印缓冲区的文件应该是先进入的先打印，因此具有先进先出性。

【例3-4】为了增加内存空间的利用率，减少溢出的可能性，两个栈共享一片连续的内存空间时，应将两栈的栈底分别设在这片内存空间的两端，这样，当_____时才产生上溢。

A. 两个栈的栈顶同时到达栈空间的中心点

B. 其中一个栈的栈顶到达栈空间的中心点

C. 两个栈的栈顶在栈空间的某一位置相遇

D. 两个栈均不空，且一个栈的栈顶到达另一个栈的栈底

【解答】C

【分析】两个栈共享空间，只有当两个栈的栈顶在栈空间的某一位置相遇时，即数组中没有空闲单元时，才会发生溢出。

【例3-5】栈和队列的主要区别在于_____。

A. 它们的逻辑结构不一样　　　　　　　　B. 它们的存储结构不一样

C. 所包含的运算不一样　　　　　　　　　D. 插入、删除运算的限定不一样

【解答】D

【分析】栈和队列的逻辑结构都是线性的，都有顺序存储和链式存储，它们包含的运算可能不一样，但不是其主要区别，因为任何数据结构在针对具体问题时所包含的运算都可能不同。

综合题

【例3-6】编写算法：将十进制数转换成二进制数。

【解答】算法思想：用初始十进制数除以2，把余数记录下来，若商不为0，则再用商去除以2直到商为0，这时把所有的余数按其出现的逆序排列起来（先出现的余数排在后面，后出现的余数排在前面）就得到了相应的二进制数。如把十进制数37转换成二进制数的过程如图3-1所示。

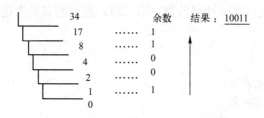

图3-1　十进制数转换成二进制数

```
void conversion( ) {
        Stack < Integer > s = new Stack < Integer > ( );
        int n;
        System. out. println( " Input a number to convert: " );
        Scanner input = new Scanner( System. in);
        n = input. nextInt( );
        if( n < 0 ) {
            System. out. println( "The number must be over 0. " );
            return;
        }
        if( n == 0 )      s. push( 0 );
        while( n! = 0 ) {
            s. push( n % 2 );
            n = n / 2;
        }
```

```
            System. out. println("the result is:");
            while(!s. empty()) {
                System. out. print(s. pop());
            }
        }
    }
```

【例3-7】已知集合 A = {a1, a2, ……an} 及集合上的关系 R = { (ai, aj) | ai, aj ∈ A, i ≠ j}，其中 (ai, aj) 表示 ai 与 aj 间存在冲突关系。要求将 A 划分成互不相交的子集 A1, A2, ……Ak, (k ≤ n)，使任何子集中的元素均无冲突关系，同时要求分子集个数尽可能少。

例如：A = {1,2,3,4,5,6,7,8,9}

R = { (2,8), (9,4), (2,9), (2,1), (2,5), (6,2), (5,9), (5,6), (5,4), (7,5), (7,6), (3,7), (6,3) }

可行的子集划分为：

A1 = { 1,3,4,8 }
A2 = { 2,7 }
A3 = { 5 }
A4 = { 6,9 }

【解答】利用循环筛选。从第一个元素开始，凡与第一个元素无冲突的元素划归一组；再从剩下的元素中重新找出互不冲突的划归第二组；直到所有元素进组。

1. 所用数据结构：

● 冲突关系矩阵：

    r[i][j] = 1, i,j 有冲突；

    r[i][j] = 0, i,j 无冲突。

● 循环队列：cq[n]。
● 数组：result[n] 存放每个元素分组号。
● 工作数组：newr[n]。

2. 划分子集的过程：

1) 初始状态：A 中元素放于 cq 中，result 和 newr 数组清零，组号 group = 1。

2) 第一个元素出队，将 r 矩阵中第一行 "1" 复制到 newr 中对应位置，这样，凡与第一个元素有冲突的元素在 newr 中对应位置处均为 "1"，下一个元素出队。

● 若其在 newr 中对应位置为 "1"，有冲突，重新插入 cq 队尾，参加下一次分组。
● 若其在 newr 中对应位置为 "0"，无冲突，可划归本组；再将 r 矩阵中该元素对应行中的 "1" 复制到 newr 中。
● 如此反复，直到 9 个元素依次出队，由 newr 中为 "0" 的单元对应的元素构成第 1 组，将组号 group 值 "1" 写入 result 对应单元中。

3) 令 group = 2，newr 清零，对 cq 中元素重复上述操作，直到 cq 中 front == rear，即队空，运算结束。

实现本题功能的算法：

```
void division(int[][] r, int n, int[] cq, int[] newr, int[] result){for (k = 0;k < n;k ++)
cq[k] = k + 1;                    //n 个元素存入循环队列 cq
        front = rear = n - 1;
        for (k = 0;k < n;k ++) newr[k] = 0;
        group = 1; pre = 0;        //group 为当前组号,pre 为前一个出队元素编号,初值为 0
        do{ front = (front + 1) % n;
        i = cq[front];            //i 为当前出队元素
                if (i < pre){        //重新开辟新组
                  group ++; result[i - 1] = group;        //记录组号
                  for (k = 0;k < n;k ++) newr[k] = r[i - 1][k];
                }
        else  if (newr[i - 1] !=0){            //发生冲突元素,重新入队
            rear = (rear + 1) % n;  cq[rear] = i;    }
            else{            //可分在当前组
            result[i - 1] = group;
            for (k = 0;k < n;k ++)
                newr[k] += r[i][k];
            }
        pre = i;
    } while (rear != front);
  }
```

3.2　习题

3.2.1　基础题

单项选择题

1. 在初始为空的堆栈中依次插入元素 f,e,d,c,b,a 以后，连续进行了三次删除操作，此时栈顶元素是_____。

    A. c　　　　　　　B. d　　　　　　　C. b　　　　　　　D. e

2. 若某堆栈的输入序列是 $1,2,3,\ldots,n$，输出序列的第一个元素为 n，则第 i 个输出元素为_____。

    A. i　　　　　　　B. $n - i$　　　　　　C. $n - i + 1$　　　　D. 哪个元素无所谓

3. 如果用单链表表示链式栈，则栈顶一般设在链表的_____位置。

    A. 链头　　　　　　B. 链尾　　　　　　C. 链头或链尾均可　D. 以上三种都不对

4. 在后缀表达式求值算法中，需要用_____个栈。

    A. 0　　　　　　　B. 1　　　　　　　C. 2　　　　　　　D. 3

5. 5 个圆盘的 Hanoi 塔，次小圆盘移到位时的步骤是第_____步。

    A. 16　　　　　　　B. 30　　　　　　　C. 31　　　　　　　D. 32

6. 在表达式求值的算符优先算法中，从栈顶到栈底运算符栈中的运算符优先级是_____。

A. 从高到低　　　B. 从低到高　　　C. 无序　　　　　D. 无序、有序均可以

7. 向一个栈顶指针为 h 的带头结点的链栈中插入指针 s 所指的结点时，应执行_____。

A. h. next = s;

B. s. next = h;

C. s. next = h; h = h. next;

D. s. next = h. next; h. next = s;

8. 一个栈的入栈序列是 a,b,c,d,e, 则栈的输出序列不可能是_____。

A. edcba　　　　B. decba　　　　C. dceab　　　　D. abcde

9. 栈和队列的共同点是_____。

A. 都是先进后出

B. 都是先进先出

C. 允许在端点处插入和删除元素　　D. 没有共同点

10. 对于循环队列_____。

A. 无法判断队列是否为空　　　　　B. 无法判断队列是否为满

C. 队列不可能满　　　　　　　　　D. 以上说法都不是

11. 设循环队列中数组的下标范围是 1 ~ n, 头尾指针分别是 f 和 r, 则其元素个数为_____。

A. r − f　　　　B. r − f + 1　　　　C. (r − f + 1) mod n　　　　D. (r − f + n) mod n

12. 若用一个大小为 6 的数组来实现循环队列，且当前队尾指针 rear 和队头指针 front 的值分别为 0 和 3。当从队列中删除一个元素，再加入两个元素后，rear 和 front 的值分别为_____。

A. 1 和 5　　　　B. 2 和 4　　　　C. 4 和 2　　　　D. 5 和 1

13. 判定一个循环队列 QU（最多元素为 m0）为满队列的条件是_____。

A. QU. front == QU. rear

B. QU. front != QU. rear

C. QU. front == (QU. rear + 1) % m0　　D. QU. front != (QU. rear + 1) % m0

14. 判定一个队列 QU（最多元素为 m0）为空的条件是_____。

A. QU. rear − QU. front == m0

B. QU. rear − QU. front − 1 == m0

C. QU. front == QU. rear

D. QU. front == QU. rear + 1

15. 元素 a、b、c、d、e 依次进入初始为空的栈中，若元素进栈后可停留、可出栈，直到所有元素出栈，则在所有可能的出栈序列中，以元素 d 开头的序列个数是_____。

A. 3　　　　　　B. 4　　　　　　C. 5　　　　　　D. 6

16. 链式队列在进行删除运算时_____。

A. 仅修改头指针

B. 仅修改尾指针

C. 头、尾指针都要修改

D. 头、尾指针可能都要修改

填空题

1. 引入循环顺序队列，目的是为了克服_____。

2. 栈是一种操作受限的特殊线性表，其特殊性体现在其插入、删除都限制在____①____进行。允许插入、删除操作的一端称为____②____, 而另一端称为____③____。栈具有_____④_____的特点。

3. 设有一个空栈，现输入序列为 1，2，3，4，5。经过 push, push, pop, push, pop, push, pop, push 后，输出的序列是_____。

4. 在按算符优先算法求解表达式 $3 - 1 + 5 \times 2$ 时，最先执行的运算是___①___，最后执行的运算是___②___。

5. 栈也有两种存储结构：一种是___①___，另一种是___②___；以这两种存储结构存储的栈分别称为___③___和___④___。

6. 在不带头结点的链栈中，若栈顶指针 top 直接指向栈顶元素，则栈顶元素出栈时修改链的对应语句为_____。

7. 在顺序栈 s 中，栈为空的条件是___①___，栈为满的条件是___②___。

8. 设有算术表达式 $x + a * (y - b) - c/d$，该表达式的前缀表示为___①___，后缀表示为___②___。

9. 用 S 表示入栈操作，X 表示出栈操作，若元素入栈顺序为 1234，为了得到 1342 出栈顺序，相应的 S、X 操作串为_____。

10. 用一个大小为 1000 的数组来实现循环队列，当前 rear 和 front 的值分别为 0 和 994，若要达到队满的条件，还需要继续入队的元素个数是_____。

3.2.2 综合题

1. 设将整数 a，b，c，d 依次进栈，但只要出栈时栈非空，则可将出栈操作按任何次序加入其中，请回答下述问题：

1）若执行以下操作序列 Push(a)，Pop()，Push(b)，Push(c)，Pop()，Pop()，Push(d)，Pop()，则出栈的数字序列是什么（这里 Push(i) 表示 i 进栈，Pop()表示出栈）？

2）能否得到出栈序列 adbc 和 adcb？说明为什么不能得到或者如何得到。

3）请分析 a,b,c,d 的所有排列中，哪些序列是可以通过相应的出入栈操作得到的。

2. 编写算法，借助栈将一个带头结点的单链表倒置。

3. 在递归程序调用的过程中，递归工作栈中包含的数据有哪些？

4. 递归算法与非递归算法比较，有哪些主要的优点和缺点？

5. 编写一个函数，要求借助一个栈把一个数组中的数据元素逆置。

6. 用一个一维数组 S 构成两个共享的栈，S 的大小为 MAX，则如何共享？栈满和栈空的条件是什么？

7. 将表达式的中缀表示转换为相应的后缀表示时，需要利用栈暂存某些操作符。现有一个表达式的中缀表示：$a + b * (c - d) + e/f\#$，请给出转换为后缀表示时的处理过程及栈的相应变化。

【提示】运算符的优先级如表 3-1 所示，其中，icp 表示当前扫描到的运算符 ch 的优先级，该运算符进栈后的优先级为 isp，字符 '#' 为表达式结束符。

表 3-1 运算符优先级

运 算 符	#	(	*，/	+，-	)
isp	0	1	5	3	6
icp	0	6	4	2	1

8. 设当前队列 Q 中有 n（$n \geqslant 1$）个元素，即 $Q = (a_1, a_2, \cdots, a_n)$，请画出队列 Q 的链式存储结构。

9. 改错题。假设以带头结点的循环链表表示队列，并且只设一个指针指向队尾元素结点（不设头指针），结点类型定义和出队与入队算法如下。其中有两处错误，请改正。

```
class Node < T > {
        T data;
        Node next;
}
classLinkQueue < T > {
        Node < T > rear;
        public LinkQueue( ) {
            rear = new Node < T > ( );
            rear. next = rear;
        }
        public void enQueue( T x ) {
            Node < T > p = new Node < T > ( );
            p. data = x;
            p. next = rear;
            rear. next = p;
            rear = p;
        }
    public T deQueue( ) {
        T x;
        if( rear != rear. next) {
                Node < T > p = rear. next;
                x = p. data;
                rear. next. next = p. next;
                if( p == rear)
                        rear = rear. next;
        }
    }
}
```

10. 设 n 个十进制整数已存入数组 A[n]中。请利用栈技术，写出将 A[n]中各数据转换成八进制数并存入数组 B[n]的算法：Convert(A，B)。

11. 请编写一递归函数，其功能是将数组 a 中从下标 s 开始到 e 结束的整数颠倒顺序，例如：

执行前：a[ ] = {0,1,2,3,4,5,6} , s = 1 , e = 4

执行后：a[ ] = {0,4,3,2,1,5,6}

要求在该函数中不使用新的数组，没有循环。函数原型如下：

void Reverse(int a[ ] , int s, int e)

12. 假设以数组 sequ[0..m−1]存放循环队列元素，同时设变量 rear 和 quelen 分别指示循环队列中队尾元素的位置和内含元素的个数。试给出此循环队列的队满条件，并写出相应的入队列和出队列的算法（在出队列的算法中要返回队头元素）。

13. 已知递归函数 F(m)（其中 DIV 为整除）：

$$F(m) = \begin{cases} 1; & \text{当 } m = 0 \text{ 时} \\ m * F(m \text{ DIV } 2); & \text{当 } m > 0 \text{ 时} \end{cases}$$

1）写出求 F(m)的递归算法。

2）写出求 F(m)的非递归算法。

第4章 串

4.1 本章内容

4.1.1 基本内容

本章主要内容包括：串类型的定义；串类型的表示和实现；串类型的模式匹配算法；串的应用举例。

4.1.2 学习要点

1）熟悉串的有关概念，串和线性表的关系。

2）熟悉串的 7 种基本操作的定义，并能利用这些基本操作来实现串的其他各种操作。

3）熟练掌握在串的定长顺序存储结构上实现串的各种操作的方法。

4）熟练掌握串的模式匹配算法。

5）掌握串的堆存储结构以及在其上实现串操作的基本方法。

4.1.3 本章涉及数据结构

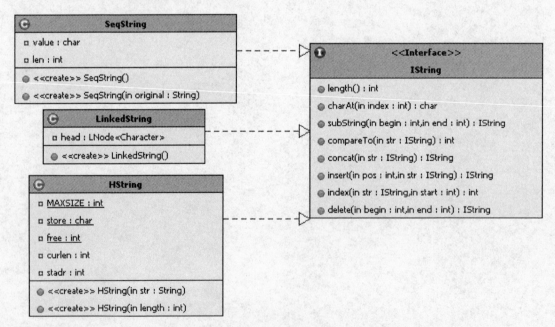

4.1.4 习题解析

单项选择题

【例4-1】 串的长度是指_____。

A. 串中所含不同字母的个数   B. 串中所含字符的个数

C. 串中所含不同字符的个数   D. 串中所含非空格字符的个数

【解答】 B

【分析】 串的长度是指串中所包含的字符的个数，其中的字符可以是数字字符、字母以及其他字符，空格也是字符的一种。因此选择 B。

【例4-2】 下面关于串的叙述中，_____是不正确的。

A. 串是字符的有限序列   B. 空串是由空格构成的串

C. 模式匹配是串的一种重要运算   D. 串既可以采用顺序存储，也可以采用链式存储

【解答】 B

【分析】 根据串的定义，串是由零个或多个字符组成的有限序列，因此选项 A 是正确的。串的存储与线性表的存储相似，也存在顺序存储和链式存储，故选项 D 正确。求串中子串的位置是串的基本操作之一，该运算又称为串的模式匹配运算，是串的重要运算之一，故选项 C 正确。长度为零的串称为空串，它不包含任何字符。由此选项 B 错误。

【例4-3】 设有两个串 p 和 q，其中 q 是 p 的子串，求 q 在 p 中首次出现的位置的算法称为_____。

A. 取子串   B. 串连接   C. 模式匹配   D. 求串长

【解答】 C

【分析】 串操作中，取子串是从串中指定位置开始提取某一长度的子串；串连接是将两个串首尾相连；求串长是计算串中字符的个数；模式匹配是在串中查找某一子串，并求出该子串首次出现的位置。故正确答案应该选 C。

【例4-4】 设有串 S = "software"，其子串的数目是_____。

A. 8   B. 37   C. 36   D. 9

【解答】 B

【分析】 串 S 中没有重复字符，串长度为 8。其中：1 个字符的子串有 8 个；2 个字符的子串有 7 个；3 个字符的子串有 6 个；以此类推；7 个字符的子串有 2 个；8 个字符的子串有 1 个，所以非空子串总数是 $1+2+3\cdots+8=36$ 个。由于空串是任何串的子串，本题中并没有注明是非空子串，故将空串也计算在内，所以子串数目为：$36+1=37$。

综合题

【例4-5】 设 s1 = "GOOD"，s2 = " "，s3 = "BYE!"，则 s1、s2 和 s3 连接后的结果是_____。

【解答】 "GOOD BYE!"

【例4-6】 编写下列算法（假定下面所用的串均采用顺序存储方式，参数 ch、ch1 和 ch2 均为字符型）：

1）将串 r 中所有其值为 ch1 的字符换成 ch2 的字符。

2）将串 r 中所有字符按照相反的次序仍存放在 r 中。

3）从串 r 中删除其值等于 ch 的所有字符。

4）从串 r 中删除第 i 个字符开始的 j 个字符。

5）从串 r1 中第 index 个字符起，求出首次与字符串 r2 相同的子串的起始位置。

6）从串 r 中删除所有与串 r3 相同的子串（允许调用第 5）小题的函数和第 4）小题的删除子串的函数）。

【解答】

1）本小题的算法思想是：从头到尾扫描串 r，将值为 ch1 的元素直接替换成 ch2。

实现本题功能的算法：

```
SeqString trans(SeqString r, char ch1, char ch2) {
        int i;
        for(i = 0; i < r. len; i ++) {
            if(r. value[i] == ch1)     r. value[i] = ch2;
        }
        return r;
}
```

2）本小题的算法思想是：将第一个元素与最后一个元素交换，第二个元素与倒数第二个元素交换，如此下去，便将该串的所有字符反序了。

实现本题功能的算法：

```
SeqString invert(SeqString r) {
        int i;
        char x;
        for(i = 0; i < r. len/2; i ++) {
            x = r. value[i];
            r. value[i] = r. value[r. len - i - 1];
            r. value[r. len - i - 1] = x;
        }
        return r;
}
```

3）本小题的算法思想是：从头到尾扫描串 r，对于值为 ch 的元素采用移动的方式进行删除。

实现本题功能的算法：

```
SeqString delall(SeqString r, char ch) {
        int i, j;
        for(i = 0; i < r. len; i ++) {
            if(r. value[i] == ch) {
                for(j = i; j < r. len - 1; j ++) {
                    r. value[j] = r. value[j + 1];
```

```
            }
            i -- ;
            r. len -- ;
        }
    }
    return r;
}
```

4）本小题的算法思想是：先判定串 r 中要删除的内容是否存在，若存在，则将第 i + j - 1 个之后的字符前移 j 个位置。

实现本题功能的算法：

```
//i 表示删除第一个字符的位序号
SeqString delsubstring(SeqString r, int i, int j) {
    int h, k;
    if(i + j - 1 >= r. len) {
        System. out. println("无法进行删除操作!");
        System. exit(0);
    }
    for(h = i + j - 1, k = i - 1; h < r. len; h ++, k ++) {
        //第 i + j - 1 个之后的字符都前移 j 个位置
        r. value[k] = r. value[h];
    }
    r. len - = j;
    return r;
}
```

5）本小题的算法思想是：从第 index 个元素开始扫描 r1，当其元素值与 r2 的第一个元素的值相同时，判定它们之后的元素值是否依次相同，直到 r2 结束为止，若都相同则返回，否则继续上述过程直到 r1 扫描完为止。

实现本题功能的算法：

```
int partposition(SeqString r2, SeqString r1, int index) {
    int i, j, k;
    for(i = index; i < r1. len; i ++) {
        for(j = i, k = 0; r1. value[j] == r2. value[k] &&j < r1. len&&k < r2. len; j ++, k ++);
        if(k >= r2. len)
            return i;
    }
    return -1;
}
```

6）本小题的算法思想是：从位置 1 开始调用第 5）小题的函数 partposition( )，若找到了一个相同子串，则调用 delsubstring( )将其删除，再查找后面位置的相同子串，方法与以上相同。

实现本题功能的算法：

```
SeqString delstringall(SeqString r, SeqString r3) {
    int i = 0, k;
    while(i < r.len) {
        if((k = partposition(r, r3, i)) != -1) {
            r = delsubstring(r, k + 1, r3.len);
        } else    i++;
    }
    return r;
}
```

【例4-7】若 x 和 y 是两个采用顺序结构存储的串，编写一个函数：比较两个串是否相等。

【解答】两个串相等，表示其对应的字符必须都相同，所以本题可以扫描两个串，逐一比较相应位置的字符，若相同，则继续比较，直到全部比较完毕。如果都相同，则表示两串相等，否则表示两串不相等。

实现本题功能的算法：

```
boolean isSame(SeqString x, SeqString y) {
    int i = 0;
    boolean tag = true;
    if(x.len != y.len)    return false;
    else {
        while(i < x.len && tag) {
            if(x.value[i] != y.value[i])    tag = false;
            i++;
        }
        return tag;
    }
}
```

4.2 习题

4.2.1 基础题

单项选择题

1. 串的连接运算不满足_____。

    A. 分配律   B. 交换律   C. 结合律   D. 都不满足

2. 串是一种特殊的线性表，其特殊性体现在_____。

    A. 可以顺序存储   B. 数据元素是一个字符

    C. 可以链接存储   D. 数据元素可以是多个字符

3. 设主串的长度为n，模式串的长度为m，则串匹配的 KMP 算法时间复杂度是_____。

    A. O(m)   B. O(n)   C. O(n+m)   D. O(nm)

4. 串是一个_____的序列。

    A. 不少于一个字母   B. 有限个字符   C. 不少于一个字符   D. 空格或字母

5. 已知串 s = "ABCDEFGH"，则 s 的所有不同子串的个数为_____。

    A. 8   B. 9   C. 36   D. 37

6. 设串 s1 = "ABCDEFG"，s2 = "PQRST"，函数 con(x,y) 返回 x 和 y 串的连接串，subs(s,i,j) 返回串 s 的从序号为 i 的字符开始的 j 个字符组成的子串，len(s) 返回串 s 的长度，则 con(subs(s1,2,len(s2)),subs(s1,len(s2),2)) 的结果串是_____。

    A. BCDEF   B. BCDEFG   C. BCPQRST   D. BCDEFEF

填空题

1. 两个串相等的充分必要条件是_____。

2. 空格串是____①____，其长度等于____②____。

3. 模式串 "abaabade" 的 next 函数值为_____。

4. 在串 S = "tuition" 中，以 t 为首字符且值不相同的子串有_____个。

5. 使用"求子串" substring(S,pos,len) 和"联接" concat(S1,S2) 的串操作，可从串 s = "conduction" 中的字符得到串 t = "cont"，则求 t 的串表达式为_____。

6. 设 s 为一个长度为 n 的字符串，其中字符各不相同，则 s 中互异的非空真子串（即长度大于等于 1 且小于 n 的子串）的个数为_____。

7. 设对主串 "bcdbcddabcdbcdbac" 和模式串 "bcdbcdb" 进行 KMP 模式匹配。第 1 趟匹配失败后，若使用非改进的 next 函数，则下一趟匹配将由主串的第____①____个字符与模式串的第____②____字符开始比较。若采用改进的 next 函数，则下一趟匹配将由主串的第____③____个字符与模式串的第____④____字符开始比较。字符串中字符从 1 开始编号。

4.2.2　综合题

1. 简述下列每对术语的区别：

空串和空格串；串变量和串常量；主串和子串；串名和串值。

2. 对于字符串的每个基本运算，讨论是否可用其他基本运算构造而得？如何构造？

3. 回文是指翻转后保持不变的字符串，如"level"，请基于 SeqString 类设计一个成员函数，若当前字符串是回文，则返回 true，否则返回 false。

4. 设 s = "I AM A STUDENT"，t = "GOOD"，q = "WORKER"。求：

    len(s),len(t),substr(s,8,7),substr(t,2,1),index(s,"A"),index(s,t),

    replace(s,"STUDENT",q),concat(substr(s,6,2),concat(t,substr(s,7,8)))。

5. 写一算法 void StrReplace(MyString T, MyString P, MyString S)，将 T 中首次出现的子串 P 替换为串 S。

【注意】S 和 P 的长度不一定相等。可以使用已有的串操作。

6. 设目标串为 s = "abcaabbabcabaacbacba"，模式串为 p = "abcabaa"。

1) 计算模式串 p 的 next 函数值。

2) 不写算法，只画出利用 KMP 算法（采用 next 函数值）进行模式匹配时每一趟的匹配过程。

7. 若 x 和 y 是两个单链表存储的串，编写一个函数：找出 x 中第一个不在 y 中出现的字符。

8. 在串的顺序存储结构上实现串的比较运算 strcmp(S,T)。

9. 试写一算法，在串的堆存储结构上实现串的连接的操作 concat(T,s1,s2)。

第5章 数组与广义表

5.1 本章内容

5.1.1 基本内容

本章主要内容包括：数组的类型定义和表示方式；特殊矩阵和稀疏矩阵的压缩存储方法及运算的实现；广义表的逻辑结构和存储结构；m元多项式的广义表表示；广义表操作的递归算法举例。

5.1.2 学习要点

1）了解数组的顺序存储表示方法，掌握数组在以行为主的存储结构中的地址计算方法。

2）掌握对特殊矩阵进行压缩存储时的下标变换公式。

3）了解稀疏矩阵的两种压缩存储方法的特点和适用范围，领会以三元组表表示稀疏矩阵时进行矩阵运算采用的处理方法。

4）理解广义表的结构特点及其存储表示方法，学会对非空广义表进行分解的方法。

5.1.3 本章涉及数据结构

矩阵类：

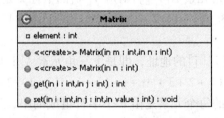

稀疏矩阵：

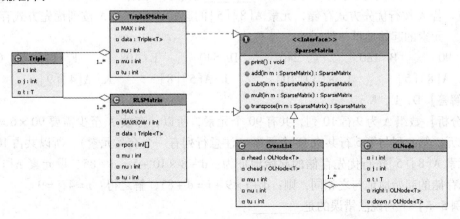

广义表：

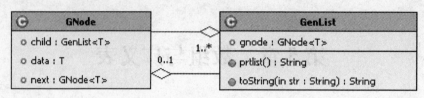

5.1.4 习题解析

单项选择题

【例 5-1】 数组通常具有的两种基本操作是_____。

A. 查找和修改　　　　B. 查找和索引　　　　C. 索引和修改　　　　D. 建立和删除

【解答】 A

【分析】 数组是一个具有固定格式和数量的数据集合，在数组上一般不做插入或删除元素的操作。因此，在数组中通常只有两种操作：查找和修改。索引是为了提高查找速度而建立的数据结构，不属于数组的基本操作。

【例 5-2】 设整型一维数组 a[50] 和二维数组 b[10][5] 具有相同的首元素地址，即 &a[0] = &b[0][0]，在以列序为主序时，a[18] 的地址和_____的地址相同。

A. b[1][7]　　　　B. b[1][8]　　　　C. b[8][1]　　　　D. b[7][1]

【解答】 C

【分析】 a[18] 是数组 a 的第 19 个元素，b[8][1] = 1 × 10 + 9 = 19，即 b[8][1] 是数组 b 按列优先存储的第 19 个元素。

【例 5-3】 设 A[N,N] 是对称矩阵，将其下三角（包括对角线）按行序存储到一维数组 T[N(N+1)/2] 中，则上三角元素 A[i][j] 对应 T[k] 的下标 k 是_____。

A. $i(i-1)/2 + j$　　　　B. $j(j-1)/2 + i$　　　　C. $i(j-i)/2 + 1$　　　　D. $j(i-1)/2 + 1$

【解答】 B

【分析】 上三角元素 A[i][j] 的地址，即是下三角元素 A[j][i] 的地址，因此：
$$k = (1 + 2 + 3 + \cdots + (j-1)) + i = j(j-1)/2 + i.$$

【例 5-4】 二维数组 A 的每个元素是由 6 个字符组成的串，行下标的范围从 0 到 8，列下标的范围从 0 到 9，则存放 A 至少需要_____字节。A 的第 8 列和第 5 行共占_____个字节。若 A 按行优先方式存储，元素 A[8][5] 的起始地址与当 A 按列优先方式存储时的_____元素的起始地址一致。

A. 90　　B. 180　　C. 240　　D. 540　　E. 108　　F. 114　　G. 54

H. A[8][5]　　　　I. A[3][10]　　　　J. A[5][8]　　　　K. A[4][9]

【解答】 D，E，K

【分析】 数组 A 为 9 行 10 列，共有 90 个元素，所以，存放 A 至少需要 90 × 6 = 540 个存储单元。第 8 列与第 5 行共有 18 个元素（注意行列有一个交叉元素），所以共占 108 个字节。元素 A[8][5] 按行优先存储的起始地址为：d + 8 × 10 + 5 = d + 85，设元素 A[i][j] 按列优先存储的起始地址与之相同，则：d + j × 9 + i = d + 85，解之得：i = 4，j = 9。

【例 5-5】 下列说法错误的是_____。

A. 数组是一种复杂的数据结构，数组元素之间的关系既不是线性的，也不是树形的

B. 使用三元组表存储稀疏矩阵的元素，有时并不能节省存储空间

C. 稀疏矩阵压缩存储后，必会失去随机存取功能

D. 线性表可以看成是广义表的特例，如果广义表中的每个元素都是单元素，则广义表便成为线性表

【解答】A

【分析】二维数组可以看成是数据元素是线性表的线性表，因此选项 A 的说法是错误的。由于三元组表除了存储非零元素值外，还需要存储其行号和列号，因此，选项 B 的说法是正确的。稀疏矩阵压缩存储后，非零元素的存储位置和行号、列号之间失去了确定的关系，因此而失去随机存取功能，因此选项 C 的说法是正确的。

综合题

【例 5-6】对于二维数组 $A[m][n]$，其中 $m \leq 80$，$n \leq 80$，先读入 m 和 n，然后读该数组的全部元素，对如下三种情况分别编写相应函数：

1）求数组 A 靠边元素之和。

2）求从 $A[0][0]$ 开始的互不相邻的各元素之和。

3）当 $m = n$ 时，分别求两条对角线上的元素之和，否则打印出 $m \neq n$ 的信息。

【解答】

1）本小题是计算数组 A 的最外围的 4 条边的所有元素之和，先分别求出各边的元素之和，累加后减去 4 个角重复相加的元素即为所求。

2）本小题的互不相邻是指上、下、左、右、对角线均不相邻，即求第 0，2，4，…行中第 0，2，4，…列的所有元素之和，函数中用 i 和 j 变量控制即可。

3）本小题中一条对角线是 $A[i][i]$，其中 $(0 \leq i \leq m-1)$，另一条对角线是 $A[m-i-1, i]$，其中 $(0 \leq i \leq m-1)$，因此用循环实现即可。

实现本题功能的算法如下。

实现 1）小题功能的算法：

```
public int proc1(int [ ][ ]A,int m,int n){ // m 代表行数
        int s = 0;
        int i;
        int j;
        for(i=0;i<m;i++) s+=A[i][0]; //第一列
        for(i=0;i<m;i++) s+=A[i][n-1]; //最后一列
        for(j=0;j<n;j++) s+=A[0][j]; //第一行
        for(j=0;j<n;j++) s+=A[m-1][j]; //最后一行
        s=s-A[0][0]-A[0][n-1]-A[m-1][0]-A[m-1][n-1];
        return s;
    }
```

实现 2）小题功能的算法：

```
public void proc2(int [ ][ ]A,int m,int n){
        int s = 0,i,j;
```

```
                    i = 0;
                    while( i < m ) {
                        j = 0;
                        while( j < n ) {
                            s += A[ i ][ j ];
                            j = j + 2;
                        }
                        i += 2;
                    }
                    System. out. println( s );
            }
```

实现 3) 小题功能的算法：

```
        public void proc3( int[ ][ ]A, int m, int n ) {
                int i, s = 0;
                if( m != n ) System. out. println( "m 不等于 n" );
                else{
                    for( i = 0; i < m; i ++ ) s += A[ i ][ i ];              //求主对角线之和
                    for( i = 0; i < n; i ++ ) s += A[ n - i - 1 ][ i ];      //求反对角线之和
                }
                System. out. println( s );
        }
```

【例 5-7】 已知 A 和 B 为两个 n×n 阶的对称矩阵，输入时，对称矩阵只输入下三角形元素，存入一维数组（行主序存储），编写一个计算对称矩阵 A 和 B 的乘积的函数。

【解答】 依题意，对称矩阵第 i 行和第 j 列的元素的数据在一维数组中的位置是：

$$\frac{i * (i - 1)}{2} + j \qquad （当 i \geq j）$$

$$\frac{j * (j - 1)}{2} + i \qquad （当 i < j）$$

实现本题功能的算法：

```
        public void mult( int a[ ], int b[ ], int [ ][ ]c, int n ) {
                intt1, t2, s;
                for( int i = 0; i < n; i ++ )
                    for( int j = 0; j < n; j ++ ) {
                        s = 0;
                        for( int k = 0; k < n; k ++ ) {
                            if( i >= k ) t1 = i * ( i - 1 )/2 + k;
                            else t1 = k * ( k - 1 )/2 + i;
                            if( k >= j ) t2 = k * ( k - 1 )/2 + j;
                            else t2 = j * ( j - 1 )/2 + k;
                            s += a[ t1 ] * b[ t2 ];
                        }
```

```
                    c[i][j] = s;
                }
        }
```

【例5-8】编写一个函数复制一个广义表，包括该广义表的所有原子结点和非原子结点。

【解答】

实现本题功能的算法：

```
void copy(GNode < T > p, GNode < T > q) {
    if(p == null) q = null;
    else {
        q = new GNode < T > (null, null, null);
        q. tag = p. tag;
        if(p. tag == 0)
        q. data = p. data;                    //原子结点直接复制
        else {
        copy(p. child. gnode, q. child. gnode);    //子表结点要递归调用复制子表
        copy(p. next, q. next);                //复制该结点的后续表
        }
    }
}
```

5.2 习题

5.2.1 基础题

单项选择题

1. 在以下的叙述中，正确的是_____。

    A. 线性表的顺序存储结构优于链表存储结构

    B. 二维数组是数据元素为线性表的线性表

    C. 栈的操作方式是先进先出

    D. 队列的操作方式是先进后出

2. 有一个矩阵 M[−3···1, 2···6]，每个元素占一个存储空间，存储首地址为 100，以行序为主序，则元素 M[1][4]的地址为_____。

    A. 100   B. 122   C. 113   D. 126

3. 在数组 A 中，每个数组元素 A[i, j]占用 3 个存储字节，行下标 i 从 1 到 8，列下标 j 从 1 到 10。所有数组元素相继存放在一个连续的存储空间，则存放该数组至少需要的存储字节是_____。

    A. 80   B. 100   C. 240   D. 270

4. 假设 8 行 10 列的二维数组 a[1..8, 1..10]分别以行序为主序和以列序为主序顺序存储时，其首地址相同，那么以行序为主序时元素 a[3][5]的地址与以列序为主序时元素

_____的地址相同。

    A. a[5][3]   B. a[8][3]   C. a[1][4]   D. 答案 A、B、C 均不对

5. 如果只保存一个 n 阶对称矩阵 a 的下三角元素（含对角线元素），并采用行主序存储在一维数组 b 中，a[i][j]（或 a[i,j]）存于 b[k]，则对 i<j，下标 k 与 i、j 的关系是_____。

    A. $\dfrac{i(i+1)}{2}+j$ B. $\dfrac{j(j+1)}{2}+i$ C. $\dfrac{i(i-1)}{2}+j$ D. $\dfrac{j(j-1)}{2}+i$

6. 将一个 A[1..100,1..100] 的三对角矩阵以行序为主序存入一维数组 B[1..298] 中，元素 A[66,65] 在 B 数组中的位置 k 等于_____。

    A. 198   B. 197   C. 196   D. 195

7. 稀疏矩阵的压缩存储方法一般有两种，即_____。

    A. 二维数组和三维数组   B. 三元组和散列

    C. 三元组和十字链表   D. 散列和十字链表

8. 一个非空广义表的表头_____。

    A. 不可能是子表 B. 只能是子表 C. 只能是原子 D. 可以是原子或子表

9. 对广义表，通常采用的存储结构是_____。

    A. 数组   B. 链表   C. Hash 表   D. 三元组

10. 设二维数组 A[m][n]，每个数组元素占用 k 个存储单元，第一个数组元素的存储地址是 Loc(a[0][0])，求按列优先顺序存放的数组元素 a[i][j](0≤i≤m−1,0≤j≤n−1) 的存储地址为_____。

    A. Loc(a[0][0])+((i−1)×n+j−1)×k B. Loc(a[0][0])+(i×n+j)×k

    C. Loc(a[0][0])+(j×m+i)×k   D. Loc(a[0][0])+((j−1)×m+i−1)×k

11. 广义表 G=(a,b,(c,d,(e,f)),G) 的长度是_____。

    A. 3   B. 4   C. 7   D. ∞

12. 设 head(L)、tail(L) 分别为取广义表表头、表尾操作，则从广义表 L=((x,y,z),a,(u,v,w)) 中取出原子 u 的运算为_____。

    A. head(tail(tail(head(L))))   B. tail(head(head(tail(L))))

    C. head(tail(head(tail(L))))   D. head(head(tail(tail(L))))

13. 若广义表 A 满足 Head(A)=Tail(A)，则 A 为_____。

    A. ()   B. (())   C. ((),())   D. ((),(),())

14. 将一个 n×n 的对称矩阵 A 的上三角部分按行存放在一个一维数组 B 中，A[0][0] 存放于 B[0] 中，那么第 i 行的对角元素 A[i][i] 在 B 中的存放位置是_____。

    A. (i+3)∗i/2 B. (i+1)∗i/2 C. (2n−i+1)∗i/2 D. (2n−i−1)∗i/2

15. 广义表 (a,((b,(c,d,(e,f))),g)) 的深度为_____。

    A. 3   B. 4   C. 5   D. 6

填空题

1. 将下三角矩阵 A[1..8,1..8] 的下三角部分逐行地存储到起始地址为 1000 的内存单元中，已知每个元素占四个单元，则元素 A[7,5] 的地址为_____。

2. 一维数组的逻辑结构是_____①_____，存储结构是_____②_____；对二维或多维数组，

分成按_____③_____和_____④_____两种不同的存储方式。

3. 二维数组 A[10..20,5..10]采用行序为主方式存储，每个元素占 4 个存储单元，并且元素 A[10,5]的存储地址是 1000，则元素 A[18,9]的地址是_____。

4. 有一个 10 阶对称矩阵 A，采用压缩存储方式（以行序为主存储，且元素 A[0,0]地址为 1，每个元素占 1 个存储单元），则元素 A[8,5]的地址是_____。

5. 设 n 行 n 列的下三角矩阵 A[0..n-1,0..n-1]已压缩到一维数组 S[1..n*(n+1)/2]中，若按行序为主存储，则元素 A[i,j]($i \leqslant j$) 对应的 S 中的存储位置是_____。

6. 广义表的深度定义为广义表中_____。

7. 广义表((a),((b),c),(((d))))的表头是_____①_____，表尾是_____②_____。

8. 广义表((a),((b),c),(((d))))的长度是_____①_____，深度是_____②_____。

9. 已知二维数组 A[6][10]，每个数组元素占 4 个存储单元，若按行优先顺序存储数据元素，a[3][5]的存储地址是 1000，则 a[0][0]的存储地址是_____。

10. 设 HAED[p]为求广义表 p 的表头函数，TAIL[p]为求广义表 p 的表尾函数，其中[ ]是函数的符号，给出下列广义表的运算结果：

HEAD[(a,b,c)]的结果是_____①_____。

TAIL[(a,b,c)]的结果是_____②_____。

HEAD[((a),(b))]的结果是_____③_____。

TAIL[((a),(b))]的结果是_____④_____。

HEAD[TAIL[(a,b,c)]]的结果是_____⑤_____。

TAIL[HEAD((a,b),(c,d))]的结果是_____⑥_____。

HEAD[HEAD[(a,b),(c,d)]]的结果是_____⑦_____。

TAIL[TAIL[(a,(c,d))]]的结果是_____⑧_____。

5.2.2 综合题

1. 分别按行优先顺序、列优先顺序列出四维数组 A[0..1,0..1,0..1,0..1]所有元素在内存中的存储次序。

2. 已知三元组表如表 5-1 所示，请画出所对应的矩阵。

表 5-1 三元组表

	ROW	COL	Value	
0	0	2	10	
1	0	3	7	
2	1	0	5	mu:5
3	1	4	11	nu:6
4	3	3	3	tu:7
5	4	3	9	
6	4	5	11	

3. 如果称自右上角到左下角的对角线为次对角线，那么一个 n 阶方阵 a[0..n-1,0..n-1] 的次对角线共有（2n-1）条。现在按照从右上方次对角线到左下方次对角线的次序

逐条进行存储，而每条次对角线的元素自左上角到右下角依次存放在一维数组 b[n∗n]中。例如，对于四阶方阵 a[0..3,0..3]，可按照上面规定的次序存放在一维数组 b[16]中，如表5-2所示。

表5-2　存储四阶方阵的数组

1	2	3	4	
5	6	7	8	a[0..3,0..3]
9	10	11	12	
13	14	15	16	

i	0	1	2	3	4	5	6	7	8	9	10	11	12	13	14	15
b[i]	1	2	3	4	5	6	7	8	9	10	11	12	13	14	15	16

如果元素 a[i,j]($0 \leqslant i, j \leqslant n-1$)存放在 b[k]($0 \leqslant k \leqslant n \times n - 1$)中，请写出求得 k 的计算公式 $k = f(i, j, n)$。要求给出推导过程。

4. 设有三对角矩阵 A[0..n-1,0..n-1]，将其三对角线上元素按行存于一维数组 B[1..m]中，使 B[k] = A[i,j]，求：

1）请写出用 i，j 表示 k 的下标计算公式。

2）请写出用 k 表示 i，j 的下标计算公式。

如五阶三对角矩阵的形式如下：

$$\begin{bmatrix} x & x & & & \\ x & x & x & & \\ & x & x & x & \\ & & x & x & x \\ & & & x & x \end{bmatrix}$$，其中，三对角线之外的数全为0。

5. 设矩阵

$$A = \begin{bmatrix} 0 & 0 & 1 & 0 & 3 \\ 0 & 2 & 0 & 0 & 0 \\ 0 & 0 & 0 & 1 & 5 \\ 0 & 0 & 0 & 1 & 0 \\ 0 & 0 & 0 & 8 \end{bmatrix}$$（行列下标 i、j 满足：$1 \leqslant i, j \leqslant 5$）

1）若将 A 视为一个上三角矩阵，请画出对 A 进行"按行优先存储"的压缩存储表 S，并写出 A 中元素的下标 [i, j] 与表 S 中元素的下标 k（$1 \leqslant k \leqslant 15$）之间的关系。

2）若将 A 视为一个稀疏矩阵，请用 Java 语言描述稀疏矩阵的三元组表，并画出 A 的三元组表结构。

6. 设矩阵 A 是一个 n 阶方阵，下标分别从 0 到 n-1。A 中对角线上有 t 个 m 阶下三角矩阵 A_0、A_1、…、A_{t-1}（见图5-1a），且 m×t = n。现在要把矩阵 A 中这些下三角矩阵中的元素按行存放在一维数组 B 中（见图5-1b），B 中下标是从 0 到 n×m-1。设 A 中某元素 a[i,j] 存放在 b[k]中，试给出求解 k 的计算公式。

【说明】i、j 为矩阵 A 的行下标和列下标，a[i,j] 应在主对角线的下三角矩阵中，给出求解 k 的计算公式，也就是给出 k 与 i、j 之间关系的式子。

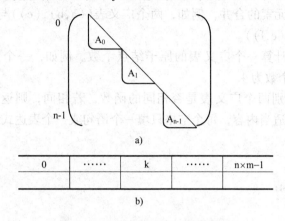

图 5-1　n 阶方阵 A 与一维数组 B

a) n 阶方阵 A　b) 一维数组 B

7. 现有稀疏矩阵 A 如图 5-2 所示，要求画出以下各种表示法。

$$\begin{pmatrix} 15 & 0 & 0 & 22 & 0 & -15 \\ 0 & 13 & 3 & 0 & 0 & 0 \\ 0 & 0 & 0 & -6 & 0 & 0 \\ 0 & 0 & 0 & 0 & 0 & 0 \\ 91 & 0 & 0 & 0 & 0 & 0 \end{pmatrix}$$

图 5-2　稀疏矩阵 A

（1）三元组表示法。

（2）带行指针线性表的单链表表示法。

（3）十字链表示法。

8. 设将 n(n>1) 个整数存放到一维数组 A 中。设计一个在时间和空间两方面尽可能高效的算法。将 A 中保存的序列循环右移 k(0<k<n) 个位置，即将 A 中的数据由 $(X_0, X_1, \cdots, X_{n-1})$ 变换为 $(X_k, X_{k+1}, \cdots, X_{n-1}, X_0, X_1, \cdots, X_{k-1})$。

9. 简述广义表与线性表的定义。

10. 已知图 5-3 为广义表的头尾链表存储结构图，请给出该图表示的广义表。

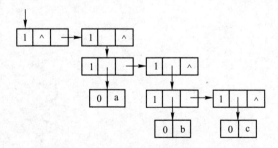

图 5-3　广义表的存储结构图

11. 画出如下广义表的存储表示。

$$L = [(e, f), (a, (b)), ((c, d)), (a, (b))]$$

12. 编写一个函数将两个广义表合并成一个广义表。

【说明】合并是指元素的合并，例如，两个广义表((a,b),(c))与(a,(e,f))合并后的结果是((a,b),(c),a,(e,f))。

13. 编写一个函数计算一个广义表的原子结点个数。例如，一个广义表为(a,(b,c),((e)))，其原子结点个数为4。

14. 下面是一个判别两个广义表是否相同的函数，若相同，则返回 true；否则，返回 false。请在空格处填上适当内容，每个空格只填一个语句或一个表达式。

```
class Node {
    boolean tag;
    DLink sublist;
    char data;
    Node link;
    static boolean equal(Node s, Node t) {
        boolean x;
        if(s == t) return true;
        else if(      ①      )
            if(      ②      ) {
                if( !s. tag)
                    x =      ③      ;
                else
                    x =      ④      ;
                if(x)
                    return(      ⑤      );
            }
        return false;
    }
}
```

15. 根据表头和表尾的定义，设计函数 head( )和 tail( )，分别实现求表头和表尾的操作，并编写一个求广义表的表头和表尾的程序。

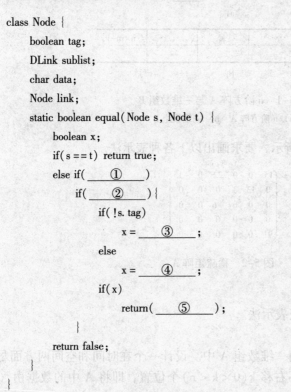

第6章 树和二叉树

6.1 本章内容

6.1.1 基本内容

本章主要内容包括：二叉树的定义、性质和存储结构；二叉树的遍历和线索化、二叉树遍历算法的各种描述形式；树和森林的定义、树和森林的存储结构以及二叉树的转换、树和森林的遍历；树的多种应用。

6.1.2 学习要点

1）熟练掌握二叉树的结构特性，了解相应的证明方法。

2）熟悉二叉树的各种存储结构的特点及适用范围。

3）遍历二叉树是二叉树各种操作的基础，其具体算法与二叉树的存储结构有关。要求熟练掌握各种遍历策略，熟练掌握深度遍历二叉树的递归和非递归算法，了解深度遍历过程中"栈"的作用和状态；熟练掌握广度（层次）遍历二叉树的算法，了解广度遍历过程中"队列"的作用和状态；灵活运用遍历算法实现二叉树的其他操作。

4）理解二叉树线索化的实质是建立结点与其在相应序列中的前驱或后继之间的直接联系，熟练掌握二叉树的线索化过程，以及在中序线索化二叉树上查找给定结点的前驱和后继的方法。二叉树的线索化过程基于对二叉树的遍历，而线索二叉树的线索化又为相应的遍历提供了方便。

5）熟悉树的各种存储结构及其特点；掌握树和森林与二叉树的转换方法。建立存储结构是进行其他操作的前提，应掌握 1 至 2 种建立二叉树和树的存储结构的方法。

6）学会编写实现树的各种操作的算法。

7）了解最优树的特性；掌握建立最优树和哈夫曼编码的方法。

6.1.3 本章涉及数据结构

二叉树：

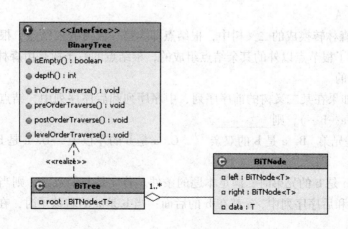

树的孩子兄弟表示法：

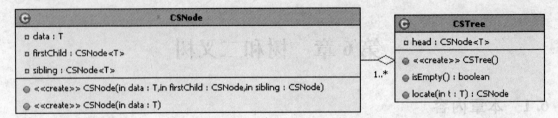

6.1.4 习题解析

单项选择题

【例6-1】对一棵具有 n 个结点的树，树中所有度数之和为_____。

A. n   B. n－2   C. n－1   D. n＋1

【解答】C

【分析】树中 n 个结点的度数之和，即为树的总分支数，可以理解为树中的边数。由于树中除根结点外，其余任意结点都有一条指向其的分支，故边数为 n－1。

【例6-2】若某完全二叉树的结点个数为100，则第60个结点的度为_____。

A. 0   B. 1   C. 2   D. 不确定

【解答】A

【分析】由完全二叉树的形态可知，若完全二叉树的结点个数为100，则从第51个结点开始都是叶子结点。

【例6-3】一棵有124个叶子结点的完全二叉树，最多有_____个结点。

A. 247   B. 248   C. 249   D. 250

【解答】B

【分析】有124个叶子结点的二叉树中，度为2的结点数为123，完全二叉树中最多只有一个结点的度为1，所以，最多有 123＋124＋1＝248 个结点。

【例6-4】设森林里中有4棵树，树中结点的个数依次为 n1，n2，n3，n4。则把森林转换成二叉树后，其根结点的右子树上有_____个结点，根结点的左子树上有_____个结点。

A. n1－1   B. n1   C. n1＋n2＋n3   D. n2＋n3＋n4

【解答】D，A

【分析】由森林转换成的二叉树中，根结点即为第一棵树的根结点，根结点的左子树是由第一棵树中除了根节点以外的其余结点组成的，根结点的右子树是由森林中除第一棵树外其他的树转换来的。

【例6-5】如果在某二叉树的前序序列、中序序列和后序序列中，结点 a 都在结点 b 的前面（即形如…a…b…），则_____。

A. a 和 b 是兄弟   B. a 是 b 的双亲   C. a 是 b 的左孩子   D. a 是 b 的右孩子

【解答】A

【分析】当 a 是 b 的兄弟时，满足本题的条件。若 a 是 b 的双亲，则当 b 是 a 的左孩子时，在中序序列和后序序列中，a 都在 b 的后面；当 b 是 a 的右孩子时，在后序序列中 a 在

b 的后面。同理可分析选项 C 和选项 D。

【例6-6】为 5 个使用频率不等的字符设计哈夫曼编码，不可能的方案是_____。

A. 000, 001, 010, 011, 1　　　　　　　B. 0000, 0001, 001, 01, 1

C. 000, 001, 01, 10, 11　　　　　　　D. 00, 100, 101, 110, 111

【解答】D

【分析】首先判断备选答案是否都是前缀码。本题中所有备选项都是前缀码，因此不能从前缀码的角度考虑。将各方案对应的哈夫曼编码树画出。选项 D 所对应的编码树如图 6-1 所示。该树中存在度为 1 的结点，因此不是哈夫曼编码。

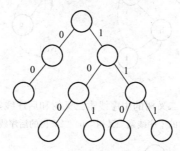

图 6-1　方案 D 对应的编码树

综合题

【例6-7】由如图 6-2 所示的二叉树，回答以下问题。

1）其中序遍历序列为_____。

2）其前序遍历序列为_____。

3）其后序遍历序列为_____。

4）该二叉树的中序线索二叉树为_____。

5）该二叉树的后序线索二叉树为_____。

6）该二叉树对应的森林是_____。

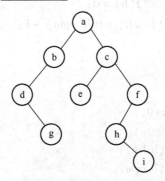

图 6-2　二叉树

【解答】

1）中序遍历序列为 dgbaechif。

2）前序遍历序列为 abdgcefhi。

3）后序遍历序列为 gdbeihfca。

4）该二叉树的中序线索二叉树如图 6-3a 所示。

5）该二叉树的后序线索二叉树如图 6-3b 所示。

6）该二叉树对应的森林如图 6-4 所示。

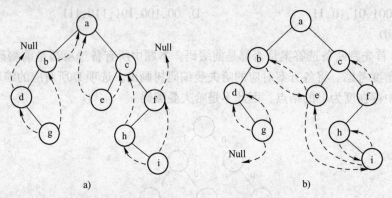

图 6-3　二叉树的中序线索二叉树和后序线索二叉树

a）二叉树的中序线索二叉树　b）二叉树的后序线索二叉树

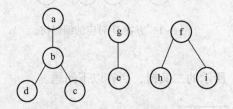

图 6-4　二叉树对应的森林

【例 6-8】 二叉树采用链式存储结构，试设计一个算法计算一棵给定二叉树的所有结点数。

【解答】 依题意：计算一棵二叉树的叶子结点数的递归模型如下：

$$\begin{cases} f(b) = 0; & \text{若 } b = null \\ f(b) = f(b.\text{left}) + f(b.\text{right}) + 1; & \text{其他} \end{cases}$$

实现本题功能的算法：

```
public int nodes(Btree b){
        int num1,num2;
        if(b == null)return 0;
        else{
            num1 = nodes(b.left);
            num2 = nodes(b.right);
            return num1 + num2 + 1;
        }
}
```

【例 6-9】 设二叉树采用链式存储结构进行存储，root 指向根结点，p 所指结点为任一给定的结点。编写一个求出从根结点到 p 所指结点之间路径的函数。

【解答】 本题采用非递归后序遍历树 root，当后序遍历访问到 p 所指结点时，stack 中所有结点均为 p 所指结点的祖先，这些祖先便构成了一条从根结点到 p 所指结点之间的路径。
实现本题功能的算法：

```java
public void path(Btree root,Btree p,int maxSize) {
    Btree s;
    Btree treeStack[ ] = new Btree[maxSize];        //模拟栈
    int tag[ ] = new int[maxSize];
    int top = 0;
    s = root;
    do {
        while(s != null) {                          //扫描左结点,入栈
            top ++; treeStack[top] = s; tag[top] = 0; s = s. left;
        }
        if(top > 0) {
            if(tag[top] == 1) {                     //左右结点均已访问过,则要访问该结点
                if(treeStack[top] == p) {           //该结点就是要找的结点
                    System. out. println("路径:");//输出从栈底到栈顶的元素构成路径
                    for(int i = 1;i <= top;i ++) {
                        System. out. println(treeStack[i]. data);
                        treeStack[i]. visit(treeStack[i]);
                    }
                    break;
                }
                top --;
                s = null;
            }
            else {
                s = treeStack[top];
                if(top > 0) {
                    s = s. right;                   //扫描右结点
                    tag[top] = 1;                   //表示当前结点的右子树已访问过
                }
            }
        }
    } while(s != null || top != 0);
}
```

6.2 习题

6.2.1 基础题

单项选择题

1. 以下说法错误的是_____。

A. 树形结构的特点是一个结点可以有多个直接前驱

B. 线性结构中的一个结点至多只有一个直接后继

C. 树形结构可以表达（组织）更复杂的数据

D. 树（及一切树形结构）是一种"分支层次"结构

2. 如图 6-5 所示的 4 棵二叉树中，_____不是完全二叉树。

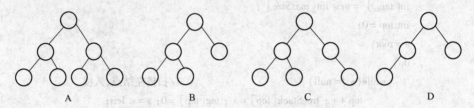

图 6-5　4 棵二叉树

3. 在线索化二叉树中，t 所指结点没有左子树的充要条件是_____。

A. t. left == null　　　　　　　　B. t. ltag == 1

C. t. ltag == 1 且 t. left == null　　D. 以上都不对

4. 以下说法错误的是_____。

A. 二叉树可以是空集

B. 二叉树的任一结点最多有两棵子树

C. 二叉树不是一种树

D. 二叉树中任一结点的两棵子树有次序之分

5. 以下说法错误的是_____。

A. 完全二叉树上结点之间的父子关系可由它们编号之间的关系来表达

B. 在三叉链表上，二叉树的求双亲运算很容易实现

C. 在二叉链表上，求根，求左、右孩子等很容易实现

D. 在二叉链表上，求双亲运算的时间性能很好

6. 如图 6-6 所示的 4 棵二叉树，_____是平衡二叉树。

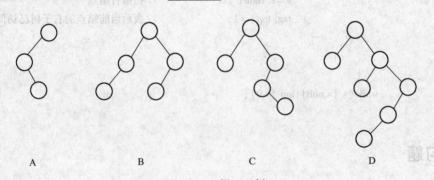

图 6-6　4 棵二叉树

7. 如图 6-7 所示二叉树的中序遍历序列是_____。

A. abcdgef　　　　B. dfebagc　　　　C. dbaefcg　　　　D. defbagc

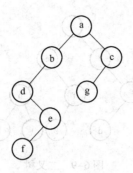

图6-7 二叉树

8. 已知某二叉树的后序遍历序列是 dabec，中序遍历序列是 debac，它的前序遍历序列是_____。

    A. acbed   B. decab   C. deabc   D. cedba

9. 如果 T2 是由有序树 T 转换而来的二叉树，那么 T 中结点的前序就是 T2 中结点的_____。

    A. 前序   B. 中序   C. 后序   D. 层次序

10. 某二叉树前序遍历的结点访问顺序是 abdgcefh，中序遍历的结点访问顺序是 dgbaechf，则其后序遍历的结点访问顺序是_____。

    A. bdgcefha   B. gdbecfha   C. bdgaechf   D. gdbehfca

11. 将含有 83 个结点的完全二叉树从根结点开始编号，根为 1 号，后面按从上到下、从左到右的顺序对结点编号，那么编号为 41 的结点的双亲结点编号为_____。

    A. 42   B. 40   C. 21   D. 20

12. 一棵二叉树如图 6-8 所示，其后序遍历的序列为_____。

    A. abdgcefh   B. dgbaechf   C. gdbehfca   D. abcdefgh

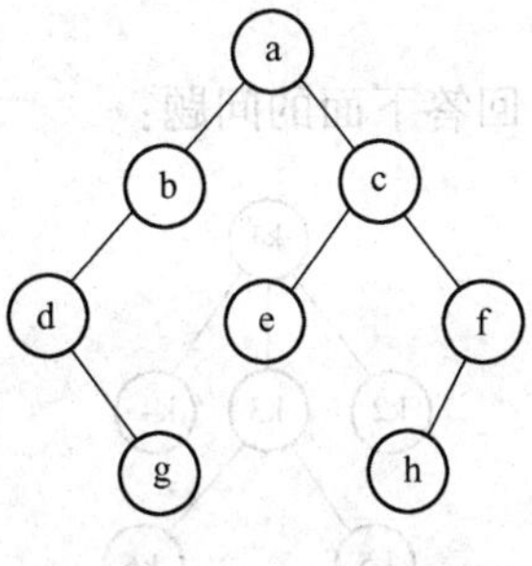

图6-8 一棵二叉树

13. 深度为 5 的二叉树至多有_____个结点。

    A. 16   B. 32   C. 31   D. 10

14. 对一棵满二叉树，m 个叶子，n 个结点，深度为 h，则_____。

    A. $n = h + m$ B. $h + m = 2n$ C. $m = h - 1$ D. $n = 2^h - 1$

15. 如图 6-9 所示的二叉树是由有序树（森林）转换而来的，那么该有序树（森林）有_____个叶子结点。

    A. 4   B. 5   C. 6   D. 7

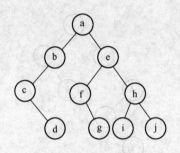

图 6-9 二叉树

16. 设深度为 k 的二叉树上只有度为 0 和度为 2 的节点，则这类二叉树上所含结点总数最少为_____个。

    A. k + 1   B. 2k   C. 2k − 1   D. 2k + 1

17. 一棵二叉树满足下列条件：对任意结点，若存在左、右子树，则其值都小于它的左子树上所有结点的值，而大于右子树上所有结点的值。现采用_____遍历方式就可以得到这棵二叉树所有结点的递增序列。

    A. 先根   B. 中根   C. 后根   D. 层次

18. 在一棵度数为 4 的树 T 中，若有 20 个度为 4 的结点，10 个度为 3 的结点，1 个度为 2 的结点，10 个度为 1 的结点，则树 T 中的叶子结点的个数为_____。

    A. 41   B. 82   C. 113   D. 122

19. 对于一棵具有 n 个结点，度为 m 的树来说，树的高度至多为_____。

    A. n   B. m   C. n − m   D. n − m + 1

20. 对含有_____个结点的非空二叉树，采用任何一种遍历方式，其结点访问序列均相同。

    A. 0   B. 1   C. 2   D. 不存在这样的二叉树

填空题

1. 有一棵树如图 6-10 所示，回答下面的问题：

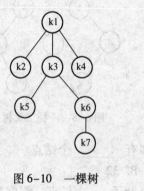

图 6-10 一棵树

1）这棵树的根结点是 ____①____ ；

2）这棵树的叶子结点是____②____ ；

3）结点 k3 的度是 ____③____ ；

4）这棵树的度为____④____ ；

5）这棵树的深度是 ____⑤____；

6）结点 k3 的孩子是 ____⑥____；

7）结点 k3 的双亲结点是 ____⑦____。

2. 深度为 k 的完全二叉树至少有____①____个结点，至多有____②____个结点，若按自上而下，从左到右的次序给结点编号（从 1 开始），则编号最小的叶子结点的编号是____③____。

3. 一棵二叉树的第 i（i≥1）层最多有____①____个结点；一棵有 n（n>0）个结点的满二叉树共有____②____个叶子和____③____个非终端结点。

4. 若一棵完全二叉树的第 4 层（根结点在第 0 层）有 7 个结点，则这棵完全二叉树的结点总数是_____。

5. 根据二叉树的定义，具有三个结点的二叉树有____①____种不同的形态，它们分别是____②____。

6. 具有 n 个结点的完全二叉树的深度为_____。

7. 已知一棵树如图 6-11 所示，其用孩子兄弟法表示为_____。

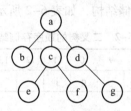

图 6-11　一棵树

8. 以数据集 {4,5,6,7,10,12,18} 为结点权值所构造的哈夫曼树为____①____，其带权路径长度为____②____。

9. 哈夫曼树是带权路径长度____①____的树，通常权值较大的结点离根____②____。

10. 在_____遍历二叉树的序列中，任何结点的子树上的所有结点，都是直接跟在该结点之后。

6.2.2　综合题

1. 已知一棵树的边集为{<i,m>,<i,n>,<e,i>,<b,e>,<b,d>,<a,b>,<g,j>,<g,k>,<c,g>,<c,f>,<h,l>,<c,h>,<a,c>}，画出这棵树，并回答下列问题：

（1）哪个是根结点？

（2）哪些是叶子结点？

（3）哪个是结点 g 的双亲？

（4）哪些是结点 g 的祖先？

（5）哪些是结点 g 的孩子？

（6）哪些是结点 e 的子孙？

（7）哪些是结点 e 的兄弟？哪些是结点 f 的兄弟？

（8）结点 b 和结点 n 的层次号分别是什么？

（9）树的深度是多少？

（10）以结点 c 为根的子树的深度是多少？

（11）树的度数是多少？

2. 设二叉树 bt 的存储结构如表 6-1 所示。

表 6-1　二叉树 bt 的存储结构

	1	2	3	4	5	6	7	8	9	10
left	0	0	2	3	7	5	8	0	10	1
data	j	h	f	d	b	a	c	e	g	i
right	0	0	0	9	4	0	0	0	0	0

其中，bt = 6 为树根结点指针，left、right 分别为结点的左、右孩子指针域，data 为结点的数据域。请完成下列各题：

（1）画出二叉树 bt 的逻辑结构。

（2）写出按先序、中序和后序遍历二叉树 bt 所得到的结点序列。

（3）画出二叉树 bt 的后序线索化树。

3. 二叉树结点数值采用顺序存储结构，如表 6-2 所示。

表 6-2　二叉树的顺序存储结构

1	2	3	4	5	6	7	8	9	10	11	12	13	14	15	16	17	18	19	20
e	a	f		d		g			c	j			h	i					b

（1）画出二叉树的逻辑结构。

（2）写出前序遍历、中序遍历和后序遍历的结果。

（3）写出结点值 c 的父结点，以及其左、右孩子。

4. 编写一个判定一棵二叉树 T 是否为完全二叉树的算法。

5. 假设一棵二叉树包含的结点数值为 1,4,9,3,20，则：

（1）画出两棵高度最大的二叉树。

（2）画出两棵完全二叉树，要求每个双亲结点的数据值均大于其孩子结点的数值。

6. 假设一棵深度为 h 的满 k 叉树具有如下性质：第 h 层上的结点都是叶结点，其余各层上的每个结点都有 k 棵非空子树。若按层次顺序（同一层上自左向右）从 1 开始对所有结点编号，则：

（1）各层上的结点个数是多少？

（2）编号为 i 的结点的双亲结点（若存在）的编号是多少？

（3）编号为 i 的结点的第 j 个孩子结点（若存在）的编号是多少？

7. 有一份电文中，共使用 5 个字符：a、b、c、d、e，其出现频率如表 6-3 所示。

表 6-3　字符及其出现频率

字　符	a	b	c	d	e
出现频率	4	7	5	2	9

试画出对应的哈夫曼树（请按左子树根结点的权小于等于右子树根结点的权的次序构造），并求出每个字符的哈夫曼编码。

8. 设给定权集 w = {2,3,4,7,8,9}，试构造一棵关于 w 的哈夫曼树，并求其加权路径长度 WPL。

9. 任意一个有 n 个结点的二叉树，已知它有 m 个叶子结点。试证明非叶子结点有 (m-1) 个度数为 2，其余度数为 1。

10. 假设二叉树采用链式存储方式存储。编写一个中序遍历二叉树的非递归函数。

11. 假设二叉树采用链式存储方式存储。编写一个后序遍历二叉树的非递归函数。

12. 若一棵二叉树中任意结点的值均不相同，则由二叉树的先根遍历序列和中根遍历序列或由后根遍历序列和中根遍历序列均能唯一地确定这棵二叉树，但由先根遍历序列和后根遍历序列却不一定能够唯一地确定这棵二叉树，试证明上述结论。

13. 设有一棵采用链式存储结构的二叉树 b，编写一个把二叉树 b 的左、右子树进行交换的函数。

14. 假设二叉树采用链式存储结构，编写一个函数：复制一棵给定的二叉树。

15. 假设二叉树采用链式存储结构，试设计一个算法：计算一棵给定二叉树的单孩子结点数。

16. 若用大写字母标识树的结点，则可利用带标号的广义表形式表示一棵树，其语法图如图 6-12 所示。试写一递归算法：由这种广义表表示的字符序列构造树的孩子 - 兄弟链表。

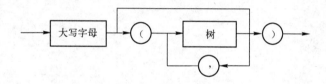

图 6-12 广义表表示树的语法图

【提示】按照森林和树相对递归定义写两个互相递归调用的算法，语法图中一对圆括号内的部分可看成森林的语法图。

17. 编写递归算法，求二叉树中以元素值为 x 的结点为根的子树的深度。

18. 编写算法，输出以二叉树表示的算术表达式，若该表达式中含有括号，则在输出时应添上。

19. 试编写算法，统计一棵以孩子 - 兄弟链表表示的树的叶子的个数。

20. 试编写算法，求一棵以孩子 - 兄弟链表表示的树的度。

21. 试编写一个将百分制转换成五分制的算法，要求其时间性能尽可能地高（即平均比较次数尽可能少）。学生成绩的分布情况如表 6-4 所示。

表 6-4 学生成绩分布情况表

分　　数	0 ~ 59	60 ~ 69	70 ~ 79	80 ~ 89	90 ~ 100
比例	0.05	0.15	0.40	0.30	0.10

22. 试以孩子 - 兄弟链表为存储结构，实现树型结构的下列运算：

（1）CSNode < T > parent(CSTree < T > t, CSNode < T > x)。

（2）CSNode < T > child (CSTree < T > t, CSNode < T > x, int i)。

（3）boolean delete(CSTree < T > t，CSNode < T > x，int i)。

23. 在二叉树中查找值为 x 的结点，试设计算法：打印值为 x 的结点的所有祖先。假设值为 x 的结点不多于 1 个。

24. 试找出分别满足下列条件的所有二叉树：

（1）先根序列和中根序列相同。

（2）中根序列和后根序列相同。

（3）先根序列和后根序列相同。

25. 已知一棵二叉树的中序序列为 cbedahgijf，后序序列为 cedbhjigfa。画出该二叉树的先序线索二叉树。

26. 已知一棵度为 m 的树中有 n_1 个度为 1 的结点，n_2 个度为 2 的结点，…，n_m 个度为 m 的结点，问该树中有多少个叶子结点？

27. 假设二叉树中所有非叶子结点都有左、右子树，则对这种二叉树：

（1）有 n 个叶子结点的树中共有多少个结点？

（2）证明 $\sum_{i=1}^{n} 2^{-(l_i-1)} = 1$。其中：n 为叶子结点的个数，$l_i$ 表示第 i 个叶子结点所在的层次数（设根结点所在的层次数为 1）。

第7章 图

7.1 本章内容

7.1.1 基本内容

本章主要内容包括：图的定义和术语；图的四种存储结构：数组表示法、邻接表、十字链表和邻接多重表；图的两种遍历策略：深度优先搜索和广度优先搜索；图的连通性：连通分量和最小生成树；图的拓扑排序；图的关键路径；两类求最短路径问题的解法。

7.1.2 学习要点

1）熟悉图的各种存储结构及其构造算法，了解实际问题的求解效率与采用何种存储结构和算法有密切联系。

2）熟练掌握图的两种搜索路径的遍历：深度优先搜索的两种形式（递归和非递归）、广度优先搜索的算法。在学习中应注意图的遍历算法与树的遍历算法之间的共性和差异。树的先根遍历是一种深度优先搜索策略，树的层次遍历是一种广度优先搜索策略。

3）应用图的遍历算法求解各种简单路径问题。

4）理解各种图的应用算法。

7.1.3 本章涉及数据结构

邻接矩阵：

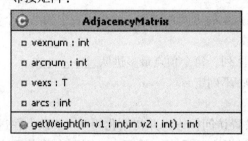

邻接表：

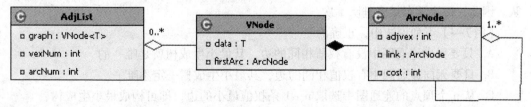

十字链表：

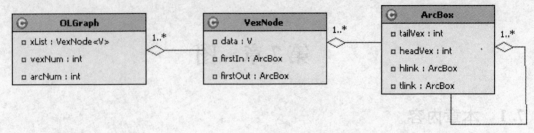

7.1.4 习题解析

单项选择题

【例7-1】以下关于有向图的说法中，正确的是_____。

A. 强连通图中任何顶点到其他所有顶点都有弧

B. 有向完全图一定是强连通图

C. 有向图中某顶点的入度等于出度

D. 有向图边集的子集和顶点集的子集可构成原有向图的子图

【解答】B

【分析】强连通图中，任何顶点到其他所有顶点都有路径而不一定是弧。有向图中所有顶点的入度之和等于出度之和。如果边集的子集中某条边的顶点不在顶点集的子集中，则不能构成一个图。例如 $G = (V, E)$：

$V = \{1,2,3,4,5\}, E = \{<1,2>, <1,3>, <1,4>, <2,3>, <3,4>, <3,5>, <4,5>\}$，

$V' = \{1,2,3\}, E' = \{<1,2>, <1,3>, <2,3>, <3,4>\}$

满足 $V' \subset V$ 且 $E' \subset E$，但 V' 和 E' 不能构成 G 的子图。

【例7-2】在有向图的邻接表存储结构中，顶点 v 在边表中出现的次数是_____。

A. 顶点 v 的度　　　B. 顶点 v 的出度　　　C. 顶点 v 的入度　　　D. 依附于顶点 v 的边数

【解答】C

【分析】在有向图的邻接表存储结构中，顶点 v 的出度是该顶点的出边表中的结点个数，顶点 v 的入度是该顶点在所有边表中的出现次数。

【例7-3】图的广度优先遍历算法用到辅助队列，每个顶点最多进队_____次。

A. 1　　　　B. 2　　　　C. 3　　　　D. 不确定

【解答】A

【分析】在广度优先遍历之前为每个顶点设置访问标志，并初始化为0。某顶点在进队之前，将该顶点的访问标志置为1。当遇到访问标志已置为1的顶点，则不会将其再次进队。因此，每个顶点最多进队1次。

【例7-4】下列说法中，正确的是_____。

A. 只要无向连通网中没有权值相同的边，其最小生成树就是唯一的

B. 只要无向连通网中有权值相同的边，其最小生成树一定不唯一

C. 从 n 个顶点的连通图中选取 n−1 条权值最小的边，即可构成最小生成树

D. 设连通图 G 含有 n 个顶点，则含有 n 个顶点 n−1 条边的子图一定是图 G 的生成树

【解答】A

【分析】如果无向连通网中有权值相同的边，但都不在最小生成树中（即权值非常大），则其最小生成树就是唯一的，因此选项 B 错误。从 n 个顶点的连通图 G 中选取 n-1 条权值最小的边构成子图，如果该子图中没有包含图 G 的全部顶点，或者选取的 n-1 条边不能使子图连通，则不能构成生成树。

【例7-5】对图 7-1 进行拓扑排序，可以得到不同的拓扑序列的个数是_____。

A. 4

B. 3

C. 2

D. 1

【解答】B

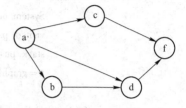

图 7-1　有向图 G

【分析】按照拓扑排序的步骤，用穷举法对题中的图进行搜索，找出所有的拓扑排序。有 3 个不同的拓扑排序序列，分别为 a，b，c，e，d；a，b，e，c，d；a，e，b，c，d。

综合题

【例7-6】对 m 个顶点的无向图 G，采用邻接矩阵存储，如何判别下列有关问题：

1）图中有多少条边？

2）任意两个顶点 i 和 j 是否有边相连？

3）任意一个顶点的度是多少？

【解答】

1）邻接矩阵非零元素个数的总和除以 2。

2）当 A[i,j]≠0 时，表示两顶点 i，j 之间有边相连。

3）计算邻接矩阵上顶点对应行上非零元素的个数。

【例7-7】编写一个实现连通图 G 的深度优先遍历（从顶点 v 出发）的非递归函数。

【解答】本题的算法思想是：

1）首先访问图 G 的指定起始顶点 v。

2）从 v 出发，访问一个与 v 邻接的 p 所指顶点后，再从 p 所指顶点出发，访问与 p 所指顶点邻接且未被访问的顶点 q，然后从 q 所指顶点出发，重复上述过程，直到找不到存在未访问过的邻接顶点为止。

3）退回到尚有未被访问过的邻接点的顶点，从该顶点出发，重复第 2）、3）步，直到所有被访问过的顶点的邻接点都已被访问为止。

为此，用一个栈（Stack）保存被访问过的结点，以便回溯查找已被访问结点的未被访问过的邻接点。

实现本题功能的算法：

```
public static void UnRecurrentDfs( AdjList < ? > g, int v) {
    Stack < ArcNode > stack = new Stack < ArcNode > ( );
    ArcNode p = g. getGraph( )[v]. getFirstArc( );
    boolean[ ] visited = new boolean[vexNum];    // 表示每个结点是否被访问
    System. out. println("访问顶点" + v);
    visited[v] = true;                           // 访问 v
```

```
        stack. push(p);
        while ( !stack. isEmpty( ) || p ! = null) {
            while ( p ! = null)
                if ( visited[ p. getAdjvex( ) ] == true)
                    p = null;
                else {
                    System. out. println("访问顶点" + p. getAdjvex( ));
                    visited[ p. getAdjvex( ) ] = true;
                    stack. push(p);                // 将访问过的结点入栈
                    p = graph[ p. getAdjvex( ) ]. getFirstArc( );
                }
            if ( !stack. isEmpty( )) {          // 退栈,回溯查找被访问过结点的未被访问过的邻接点
                p = stack. pop( );
                p = p. getLink( );
            }
        }
    }
```

【例 7-8】 试完成求有向图的强连通分量的算法,并分析算法的时间复杂度。

【解答】 求有向图的强连通分量的算法的时间复杂度和深度优先遍历相同,为 $O(n+e)$。
实现本题功能的算法:

```
import graph. olgraph. ArcBox;
import graph. olgraph. OLGraph;
import graph. olgraph. VexNode;
public class Example7_8 {
    //访问标志数组
    boolean visited[ ];
    int finished[ ];
    int count = 0;                 // count 在第一次深度优先遍历中用于指示 finished 数组的填充位置
    void Get_SGraph(OLGraph < ? > g) {   //求十字链表结构存储的有向图 G 的强连通分量
    visited = new boolean[ g. getVexNum( ) ];
        finished = new int[ g. getVexNum( ) ];
        //访问标志数组初始化
        for ( int v = 0; v < g. getVexNum( ); v ++ )
            visited[ v ] = false;
        // 第一次深度优先遍历建立 finished 数组
        for ( int v = 0; v < g. getVexNum( ); v ++ )
            if ( !visited[ v ])
                DFS1(g, v);
        for ( int v = 0; v < g. getVexNum( ); v ++ )
            visited[ v ] = false;          // 清空 visited 数组
```

/ * 第二次逆向的深度优先遍历,从最后完成搜索的顶点出发(即 finished[vexnum − 1]中
的顶点),沿着以该顶点为尾的弧做逆向深度优先遍历。若此次遍历不能访问到有向图中所有顶

点,则从余下的顶点中最后完成搜索的那个顶点出发,继续做逆向深度优先遍历,直至有向图所有顶点都被访问为止 */

```java
for ( int i = g. getVexNum( ) - 1 ; i >= 0 ; i - - ) { int v = finished[ i ] ;
    if ( !visited[ v ] ) {
        System. out. println( ) ;      // 不同的强连通分量在不同的行输出
        DFS2( g, v ) ;
    }
}
}

//以 v 为头进行深度优先遍历,并按其所有邻接点搜索都完成的顺序将顶点放到 finished 数组
void DFS1( OLGraph < ? > g, int v) {
    visited[ v ] = true ;
    VexNode < ? > vNode = g. getxList( )[ v ] ;
    for( ArcBox p = vNode. getFirstOut( ) ; p ! = null ; p = p. getHlink( ) ) {
        int w = p. getTailVex( ) ;
    if( !visited[ w ] )
        DFS1( g, w ) ;
    }
    finished[ count ++ ] = v ;
}

//第二次逆向的深度优先遍历的算法
void DFS2( OLGraph < ? > g, int v) {
    visited[ v ] = true ;
    System. out. print( v + " " ) ;         //在第二次遍历中输出结点序号
    VexNode < ? > vNode = g. getxList( )[ v ] ;
    for( ArcBox p = vNode. getFirstIn( ) ; p ! = null ; p = p. getTlink( ) ) {
    int w = p. getHeadVex( ) ;
    if( !visited[ w ] )
        DFS2( g, w ) ;
    }
}
}
```

7.2 习题

7.2.1 基础题

单项选择题

1. 在一个图中, 所有顶点的度数之和等于所有边数的_____倍。

    A. 1/2　　　　　　B. 1　　　　　　C. 2　　　　　　D. 4

2. 在一个有向图中, 所有顶点的入度之和等于所有顶点的出度之和的_____倍。

A. 1/2　　　　　　B. 1　　　　　　C. 2　　　　　　D. 4

3. 一个有 n 个顶点的无向图最多有_____条边。

　　A. n　　　　　　B. n(n−1)　　　　C. n(n−1)/2　　D. 2n

4. 具有 4 个顶点的无向完全图有_____条边。

　　A. 6　　　　　　B. 12　　　　　　C. 16　　　　　　D. 20

5. 具有 6 个顶点的无向图至少应有_____条边才能确保是一个连通图。

　　A. 5　　　　　　B. 6　　　　　　C. 7　　　　　　D. 8

6. 在一个具有 n 个顶点的无向图中，要连通全部顶点至少需要_____条边。

　　A. n　　　　　　B. n+1　　　　　C. n−1　　　　　D. n/2

7. 对于一个具有 n 个顶点的无向图，若采用邻接矩阵表示，则该矩阵的大小是_____。

　　A. n　　　　　　B. (n−1)^2　　　C. n−1　　　　　D. n^2

8. 对于一个具有 n 个顶点和 e 条边的无向图，若采用邻接表表示，则所有邻接表中的结点总数是_____。

　　A. e/2　　　　　B. e　　　　　　C. 2e　　　　　　D. n+e

9. 已知一个图如图 7-2 所示，若从顶点 a 出发按深度搜索法进行遍历，则可能得到的一种顶点序列为_____①_____；按广度搜索法进行遍历，则可能得到的一种顶点序列为_____②_____。

　　① A. a，b，e，c，d，f
　　　　B. a，c，f，e，b，d
　　　　C. a，e，b，c，f，d
　　　　D. a，e，d，f，c，b
　　② A. a，b，c，e，d，f
　　　　B. a，b，c，e，f，d
　　　　C. a，e，b，c，f，d
　　　　D. a，c，f，d，e，b

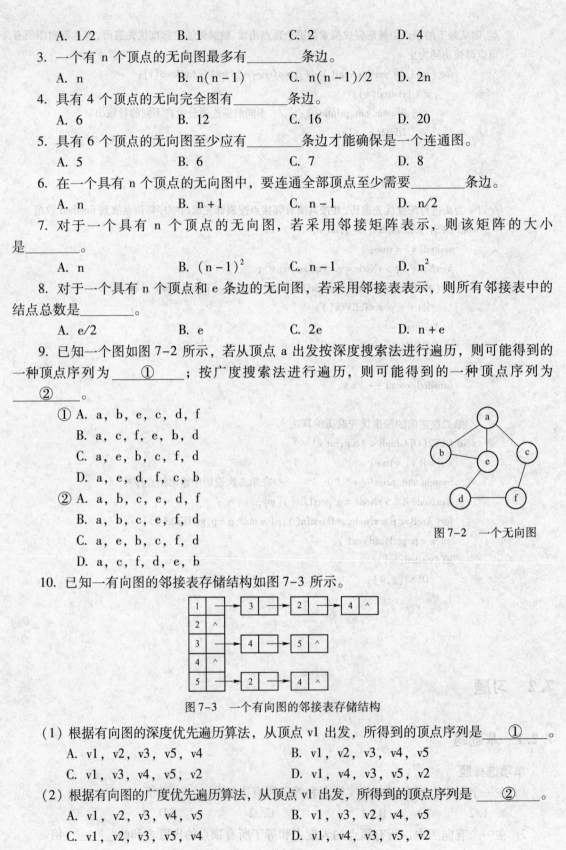

图 7-2　一个无向图

10. 已知一有向图的邻接表存储结构如图 7-3 所示。

图 7-3　一个有向图的邻接表存储结构

（1）根据有向图的深度优先遍历算法，从顶点 v1 出发，所得到的顶点序列是_____①_____。

　　A. v1，v2，v3，v5，v4　　　　　　B. v1，v2，v3，v4，v5
　　C. v1，v3，v4，v5，v2　　　　　　D. v1，v4，v3，v5，v2

（2）根据有向图的广度优先遍历算法，从顶点 v1 出发，所得到的顶点序列是_____②_____。

　　A. v1，v2，v3，v4，v5　　　　　　B. v1，v3，v2，v4，v5
　　C. v1，v2，v3，v5，v4　　　　　　D. v1，v4，v3，v5，v2

11. 采用邻接表存储的图的深度优先遍历算法类似于二叉树的_____。
    A. 先序遍历   B. 中序遍历   C. 后序遍历   D. 按层遍历
12. 采用邻接表存储的图的广度优先遍历算法类似于二叉树的_____。
    A. 先序遍历   B. 中序遍历   C. 后序遍历   D. 按层遍历
13. 判定一个有向图是否存在回路，除了可以利用拓扑排序方法外，还可以利用_____。
    A. 求关键路径的方法   B. 求最短路径的 Dijkstra 方法
    C. 广度优先遍历算法   D. 深度优先遍历算法

填空题

1. G 是一个非连通无向图，共有 28 条边，则该图至少有_____个顶点。

2. 在无权图 G 的邻接矩阵 A 中，若(vi,vj)或 < vi,vj > 属于图 G 的边集，则对应元素 A[i][j]等于_____①_____，否则等于_____②_____。

3. 在无向图 G 的邻接矩阵 A 中，若 A[i][j]等于 1，则 A[j][i]等于_____。

4. 已知图 G 的邻接表如图 7-4 所示，其从顶点 v1 出发的深度优先搜索序列为_____①_____，从顶点 v1 出发的广度优先搜索序列为_____②_____。

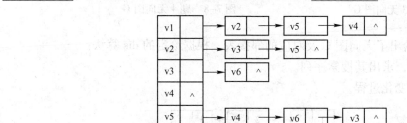

图 7-4　图 G 的邻接表

5. 设 x，y 是图 G 中的两顶点，则(x,y)与(y,x)被认为是_____①_____边，但 < x,y > 与 < y,x > 是_____②_____的两条弧。

6. 已知一个图采用邻接矩阵表示，删除从第 i 个顶点所有出边的方法是_____。

7. 在有向图的邻接矩阵上，由第 i 行可得到第_____①_____个结点的出度，而由第 j 列可得到第_____②_____个结点的入度。

8. 在无向图中，如果从顶点 v 到顶点 v'有路径，则称 v 和 v'是_____①_____的。如果对于图中的任意两个顶点 vi，vj ∈ V，vi 和 vj 都是连通的，则称 G 为_____②_____。

7.2.2　综合题

1. 如图 7-5 所示的无向图 G，给出其邻接矩阵和邻接表两种存储结构。

2. 如图 7-6 所示的无向图 G，用广度优先搜索和深度优先搜索对其进行遍历（从顶点 1 出发），给出遍历序列。

3. 如图 7-7 所示的无向图 G，使用普里姆算法构造出一棵最小生成树。

4. 如图 7-8 所示的无向图 G，使用克鲁斯卡尔算法构造出一棵最小生成树。

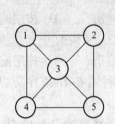

图 7-5 题 1 无向图 G

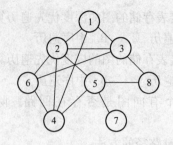

图 7-6 题 2 无向图 G

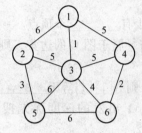

图 7-7 题 3 无向图 G

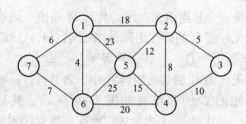

图 7-8 题 4 无向图 G

5. 如图 7-9 所示给出了无向图 G 及对应的邻接表,根据给定的 dfs 算法:

(1) 从顶点 8 出发,求出其搜索序列。

(2) 指出 p 的整个变化过程。

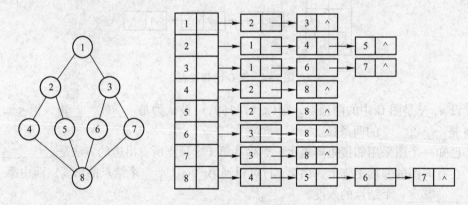

图 7-9 无向图 G 及其邻接表

```
public static void dfs(AdjList < ? > gl, int v) {
    ArcNode p;
    boolean[] visited = new boolean[gl. getVexNum()];
    System. out. print(v);
    visited[v] = true;
    p = gl. getGraph()[v]. getFirstArc();   //gl 是该图的邻接表的表头指针数组
    while (p ! = null) {
        if (!visited[p. getAdjvex()])
            dfs(gl, p. getAdjvex());
```

```
                    p = p. getLink ( ) ;
              }
        }
```

6. 简述图的邻接表的类型定义。

7. 简述图的邻接矩阵表示的类型定义。

8. 写出将一个无向图的邻接表转换成邻接矩阵的算法。

9. G 是具有 n 个顶点的有向图，其存储结构分别为：邻接矩阵；邻接表。请写出相应存储结构上的计算有向图 G 中出度为 0 的顶点个数的算法。

10. 假设有 n 个城市组成一个公路网（有向的），并用带权邻接矩阵表示该网络。编写一个从指定城市 v 到其他各城市的最短路径的函数。

11. 试基于图的深度优先搜索策略写一算法，判别以邻接表方式存储的有向图中是否存在由顶点 vi 到 vj 的路径（i≠j）。

【注意】算法中涉及的图的基本操作必须在此存储结构上实现。

12. 试基于图的广度优先搜索写一算法，判别：以邻接表方式存储的有向图中，是否存在由顶点 vi 到 vj 的路径（i≠j）。

【注意】算法中涉及的图的基本操作必须在此存储结构上实现。

13. 采用邻接表存储结构，编写一个算法：判断无向图中任意给定的两个顶点之间是否存在一条长度为 k 的简单路径。

14. 以邻接表方式存储有向图 G。试写一个算法，求图 G 中顶点 i 到顶点 j 的、不含回路的、长度为 k 的路径数。

15. 已知有向图 G，试写一个算法，求图 G 中所有简单回路。

16. 试修改普里姆算法，使之能在邻接表存储结构上实现求图的最小生成森林，并分析其时间复杂度（森林的存储结构为孩子 – 兄弟链表）。

17. 已知有向无环图 G，试编写一个算法，给图 G 中每个顶点附以一个整数序号，要求满足以下条件：**若从顶点 i 至顶点 j 有一条弧，则应使 i<j。**

18. 一个四则运算算术表达式以有向无环图的邻接表方式存储，每个操作数原子都由单个字母表示。写一个算法输出其逆波兰表达式。

19. 试编写利用深度优先遍历有向图实现求关键路径的算法。

20. 以邻接表做存储结构，编写求从源点到其余各顶点的最短路径的 Dijkstra 算法。

第 8 章　查　找

8.1　本章内容

8.1.1　基本内容

本章的主要内容包括：讨论查找表（包括静态查找表和动态查找表）的各种实现方法：顺序表、有序表、树表和哈希表；关于衡量查找效率的平均查找长度的讨论。

8.1.2　学习要点

1）熟练掌握顺序表和有序表的查找方法。

2）熟悉静态查找树的构造方法和查找算法，理解静态查找树和折半查找的关系。

3）熟练掌握二叉排序树的构造和查找方法。

4）掌握二叉平衡树维护平衡的方法。

5）熟练掌握哈希表的构造方法，深刻理解哈希表与其他结构的表的实质性的差别。

6）掌握描述查找过程的判定树的构造方法，掌握各种查找方法在等概率情况下查找成功时的平均查找长度的计算方法。

8.1.3　本章涉及数据结构

静态查找表是数据元素的线性表，可以是基于数组的顺序存储或链表存储。

```
//顺序存储结构
classSqList < T extends Comparable < T >> {
    T[ ] elem;                    //数组
    int length;                   //表长度
}

//链式存储结构结点类型
public class Lnode < T > {
    private T data;               //结点的值域
    private Lnode < T > next;     //下一个结点指针域
}
```

以二叉链表作为二叉排序树的存储结构：

```
public class BinaryTree < E extends Comparable < E >> {
    protected TreeNode < E > root;
    protected int size = 0;
    public static class TreeNode < E extends Comparable < E >> {
```

```
            E element;
            TreeNode < E > left;
            TreeNode < E > right;
        }
    }
```

8.1.4 习题解析

单项选择题

【例 8-1】 对 100 个元素进行折半查找，在查找成功的情况下，比较次数最多的是 _____。

A. 25   B. 50   C. 10   D. 7

【解答】 D

【分析】 比较次数最多不超过判定树的高度，即 $\lfloor \log_2 100 \rfloor + 1 = 7$。

【例 8-2】 二叉排序树中，最小值结点的 _____。

A. 左指针一定为空   B. 右指针一定为空

C. 左、右指针均为空   D. 左、右指针均不为空

【解答】 A

【分析】 在二叉排序树中，值最小的结点一定是中序遍历序列中第一个被访问的结点，即二叉树的最左结点，该结点的左指针一定为空，但右指针不一定为空。

【例 8-3】 关于二叉排序树，下面说法正确的是 _____。

A. 二叉排序树是动态树表，在插入新结点时会引起树的重新分裂或组合

B. 对二叉排序树进行层序遍历可得到有序序列

C. 在构造二叉排序树时，若插入的关键码有序，则二叉排序树的深度最大

D. 在二叉排序树中进行查找，关键码的比较次数不超过结点数的一半

【解答】 C

【分析】 在二叉排序树中，新插入的结点一定是叶子结点，因此，不会引起树的重新分裂或组合；对二叉排序树进行中序遍历可得到一个有序序列；二叉排序树的平均比较长度是 $O(\log_2 n)$，而不是 n/2。在构造二叉排序树时，若插入的关键码有序，则将得到一棵斜树，此时其深度达到最大值。

【例 8-4】 下面关于散列查找的说法，正确的是 _____。

A. 散列函数越复杂越好，因为这样随机性好，冲突小

B. 除留余数法是所有散列函数中最好的

C. 不存在特别好与坏的散列函数，要视情况而定

D. 若在散列表中删去一个元素，只要简单地将该元素删去即可

【解答】 C

【分析】 散列函数越简单，则计算散列地址的时间越少，如果发生冲突再进行少量的比较。不能笼统地说哪种散列函数最好，具体应用时，要根据查找集合中关键码的状态设计相对合理的散列函数。在闭散列表中删除一个关键码，如果直接将其删除，有可能将探测序列断开，出现散列表中存在关键码却查找失败的现象。

【例8-5】 在采用线性探测法处理冲突所构成的闭散列表上进行查找，可能要探测多个位置，在查找成功的情况下，所探测的这些位置的键值_____。

A. 一定都是同义词　　　　　　　　B. 一定都不是同义词
C. 不一定都是同义词　　　　　　　D. 都相同

【解答】 C

【分析】 采用线性探测法处理冲突会产生堆积，即非同义词争夺同一个后继地址。可见，在探测多个位置时，这些位置上的键值不一定是同义词，可能是由于堆积而产生冲突的非同义词。

综合题

【例8-6】 设有一组关键字 $\{19,01,23,14,55,20,84,27,68,11,10,77\}$，采用哈希函数：$H(key) = key \% 13$，采用开放地址法的二次探测再散列方法解决冲突。试在 $0 \sim 18$ 的散列地址空间中对该关键字序列构造哈希表。

【解答】 依题意，$m = 19$，二次探测再散列的下一地址计算公式为：

$$d_1 = H(key) \quad d_{2j} = (d_1 + j \times j) \% m \quad d_{2j-1} = (d_1 - j \times j) \% m \quad j = 1, 2, 3, \dots$$

其计算函数如下：

$H(19) = 19\%13 = 6$	
$H(01) = 01\%13 = 1$	
$H(23) = 23\%13 = 10$	
$H(14) = 14\%13 = 1$	冲突
$H(14) = (1+1*1)\%19 = 2$	
$H(55) = 55\%13 = 3$	
$H(20) = 20\%13 = 7$	
$H(84) = 84\%13 = 6$	冲突
$H(84) = (6+1*1)\%19 = 7$	仍冲突
$H(84) = (6-1*1)\%19 = 5$	
$H(27) = 27\%13 = 1$	冲突
$H(27) = (1+1*1)\%19 = 2$	冲突
$H(27) = (1-1*1)\%19 = 0$	
$H(68) = 68\%13 = 3$	冲突
$H(68) = (3+1*1)\%19 = 4$	
$H(11) = 11\%13 = 11$	
$H(10) = 10\%13 = 10$	冲突
$H(10) = (10+1*1)\%19 = 11$	仍冲突
$H(10) = (10-1*1)\%19 = 9$	
$H(77) = 77\%13 = 12$	

因此，各关键字的记录对应的地址分配如下：

addr(27) = 0	addr(19) = 6
addr(01) = 1	addr(20) = 7
addr(14) = 2	addr(10) = 9
addr(55) = 3	addr(23) = 10
addr(68) = 4	addr(11) = 11
addr(84) = 5	addr(77) = 12

其他地址为空。

【例8-7】 有一个3000项的表，要采用等分区间顺序查找的分块查找法，问：

1）每块理想长度是多少？

2）分成多少块最为理想？

3）平均查找长度 ASL 为多少？

4）若每块的长度是 30，ASL 为多少？

【解答】

1）理想的块长 d 为 $\sqrt{n}$，即 $\sqrt{3000} \approx 55$。

2）设 d 为块长，长度为 n 的表被分成 $b = \lceil \dfrac{n}{d} \rceil$ 块，故有 $b = \lceil \dfrac{n}{d} \rceil = \lceil \dfrac{3000}{55} \rceil = 55$ 块。

3）因块查找和块内查找均采用顺序查找法，故：$ASL = \dfrac{b+1}{2} + \dfrac{d+1}{2} = \dfrac{55+1}{2} + \dfrac{55+1}{2} = 56$。

4）每块的长度为 30，故：$ASL = \dfrac{b+1}{2} + \dfrac{d+1}{2} = \dfrac{b+1}{2} + \dfrac{d+1}{2} = \dfrac{100+1}{2} + \dfrac{30+1}{2} = 66$。

【例 8-8】编写函数：判断给定的二叉树是否是二叉排序树。

【解答】判断二叉树是否为二叉排序树，是建立在二叉树中序遍历的基础上的。在中序遍历时附设一指针 pre，令其指向树中当前访问结点的中序直接前驱，每访问一个结点就比较前驱结点 pre 和此结点是否有序；若遍历结束后各结点和其中序直接前驱均满足有序，则此二叉树即为二叉排序树，否则不是二叉排序树。

实现本题功能的算法：

```
//初始时 pre = null;flag = true,若结束时 flag == true,则此二叉树为二叉排序树
public boolean isBiSortTree(TreeNode < E > root) {
        TreeNode < E > pre = null;
        boolean flag = true;
        isBiSortTree(root, pre, flag);
        return flag;
    }
private void isBiSortTree(TreeNode < E > t,TreeNode < E > pre, boolean flag) {
        if ((t ! = null) && (flag)) {
            isBiSortTree(t. left, pre, flag);      // 遍历左子树
            if (pre == null) {                     // 访问中序序列的第一个结点时不需要比较
                flag = true;
                pre = t;
            } else {                               // 比较 T 与中序直接前驱 pre 的大小(假定无相同关键字)
                if (pre. element. compareTo( t. element) <0) {  // pre 与 t 有序
                    flag = true;
                    pre = t;
                } else
                    flag = false;                  // pre 与 t 无序
            }
            isBiSortTree(t. right, pre, flag);     // 遍历右子树
        }
    }
```

【例8-9】设有二叉排序树 T。现给出一个正整数 x，请编写非递归程序，实现将 data 域的值小于或等于 x 的结点全部删除掉。

【提示】在非递归中序遍历二叉排序树过程中，若所访问的结点其 data 值小于等于 x 时，则删除此结点。注意在执行删除操作时应保持二叉排序树中序遍历的有序特性。

【解答】本题的难点是当删除某结点后，如何正确访问到所删除结点的后继结点。可作如下分析：中序遍历二叉排序树时，令指针 p 指向二叉排序树中的某一结点，称为结点 p。若结点 p 将要被删除，则此结点 p 的左孩子必定为空，这是因为 p 的左孩子其关键字一定比 p 关键字小，所以必然在结点 p 之前删除。若结点 p 的右孩子为空，则可直接删除 p 结点，然后从栈中弹出栈顶元素继续进行中序遍历；若结点 p 的右孩子不为空，则将 p 结点的双亲的左指针指向 p 的右孩子，然后删除 p 结点。接着再继续中序遍历二叉排序树。

实现本题功能的算法：

```
//非递归中序遍历二叉排序树,若所访问结点的 data 值小于等于 x 时,则删除该结点
public void deleteBST( TreeNode < E > root, E x) {
        TreeNode < E > p, q;
        Stack < TreeNode < E >> s = new Stack < TreeNode < E >> ( );
        p = root;
        q = null;
        while ( ( p ! = null) || ( !s. empty( ) ) ) {
            if ( p ! = null) {
                s. push( p);
                p = p. left;
            } else {
                p = s. pop( );
                if ( p. element. compareTo( x) <= 0) {    // 若 p 所指结点≤x 则应删除
                    if ( p. right == null) {               // p 的右孩子为空则直接删除 p 结点
                        if ( s. empty( ) ) {                // 全部结点都被删除
                            root = null;
                            break;
                        }
                        p = s. pop( );          // 弹出被删除结点 p 的双亲结点,由 p 指向
                        p. left = null;         // 原被删除结点 p 是现在 p 结点的左孩子,故置空
                    } else {                    // 若结点 p 的右孩子不为空
                        if ( !s. empty( ) ) {
                        //栈不空,则将 p 结点的双亲结点的左孩子指针指向 p 的右孩子结点
                            q = s. pop( );
                            q. left = p. right;
                            s. push( q);
                            p = q. left;
                        } else {                // 栈空,则删除的是根结点,重新定义根结点
                            root = p. right;
                        }
```

```
                    }
              } else
           break;                              // 大于 x 的值,退出
              }
          }
      }
```

8.2 习题

8.2.1 基础题

单项选择题

1. 顺序查找法适合于存储结构为_____的线性表。
   A. 散列存储　　　　　　　　　　　B. 顺序存储或链式存储
   C. 压缩存储　　　　　　　　　　　D. 索引存储

2. 对线性表进行折半查找时,要求线性表的存储方式是_____。
   A. 顺序存储　　　　　　　　　　　B. 链式存储
   C. 以关键字有序排序的顺序存储　　D. 以关键字有序排序的链式存储

3. 顺序查找长度为 n 的线性表时,每个元素的平均查找长度为_____。
   A. n　　　　　B. n/2　　　　　C. $(n+1)/2$　　　　　D. $(n-1)/2$

4. 折半查找长度为 n 的线性表时,每个元素的平均查找长度为_____。
   A. $O(n^2)$　　　　B. $O(n\log_2 n)$　　　　C. $O(n)$　　　　D. $O(\log_2 n)$

5. 对有 18 个元素的有序表作二分（折半）查找,则查找 A[2]的比较序列的下标为_____。
   A. 0.1.2　　　　B. 8.4.1.2　　　　C. 8.4.2　　　　D. 8.3.1.2

6. 如果要求一个表既能较快地查找,又能适应动态变化的要求,可以采用_____查找方法。
   A. 有序表　　　　B. 线性表　　　　C. 哈希表　　　　D. 平衡二叉树

7. 有一个有序表为{2,5,7,11,22,45,49,62,71,77,90,93,120},当折半查找值为 90 的结点时,经过_____次比较后查找成功。
   A. 1　　　　B. 2　　　　C. 4　　　　D. 8

8. 设哈希表长 m=14,哈希函数 H(key)=key%11。表中已有 4 个结点:addr(14)=3,addr(38)=5,addr(61)=6,addr(85)=8,其余地址为空,如用线性探测再散列处理冲突,关键字为 49 的结点的地址是_____。
   A. 7　　　　B. 3　　　　C. 5　　　　D. 4

9. 在采用链接法处理冲突的散列表上,假定装填因子 α 的值为 4,则查找任一元素的平均查找长度为_____。
   A. 3　　　　B. 3.5　　　　C. 4　　　　D. 2.5

10. 具有 5 层结点的 AVL 树至少有_____个结点。

      A. 10   B. 12   C. 15   D. 17

11. 有一个长度为 12 的有序表，按二分查找法对该表进行查找，在表内各元素等概率情况下，查找成功所需的平均比较次数为_____。

      A. 35/12   B. 37/12   C. 39/12   D. 43/12

12. 采用分块查找时，若线性表中共有 2000 个元素，查找每个元素的概率相同，假设采用顺序查找来确定结点所在的块时，每块应分_____个结点最佳。

      A. 20   B. 30   C. 40   D. 45

填空题

1. 衡量查找算法效率的最主要的指标是_____。

2. 在各种查找方法中，平均查找长度与结点个数 n 无关的查找方法是_____。

3. 查找表是用于查找的数据集合，集合中的数据元素之间存在着_____的数据逻辑关系。

4. 长度为 255 的表，采用分块查找法，每块的最佳长度是_____。

5. N 个记录的有序顺序表中进行折半查找，最大的比较次数是_____。

6. 对有序表 A[1..17] 按二分查找方法进行查找，则查找长度为 5 的元素的下标从小到大依次是_____。

7. 在散列存储中，装填因子 α 的值越大，则____①____；α 的值越小，则____②____。

8. 对于二叉排序树的查找，若根结点元素的键值大于被查元素的键值，则应该在二叉树的_____上继续查找。

9. 高度为 8 的平衡二叉树至少有_____个结点。

10. 在散列函数 H(key) = key%p 中，p 应取_____。

8.2.2 综合题

1. 设散列表为 T[0..12]，散列函数为 H(key) = key%13。

给定键值序列是 {39,36,28,38,44,15,42,12,06,25}，要求如下：

（1）分别画出用拉链法和线性探测法处理冲突时所构造的散列表。

（2）求出在等概率情况下，这两种方法查找成功和查找失败时的平均查找长度。

2. 线性表的关键字集合 {87,25,310,08,27,132,68,95,187,123,70,63,7}，共有 13 个元素，已知散列函数为：H(k) = k%13，采用拉链法处理冲突。

【要求】设计出这种链表结构，并计算该表成功查找时的平均查找长度。

3. 设给定的散列表存储空间为 H(0 ~ m − 1)，每个 H(i) 单元可存放一个记录，H[i](0 ≤ i ≤ m − 1) 的初始值为 null，选取的散列函数为 H(R.key)，其中 R.key 为 R 记录的关键字。解决冲突方法为"线性探测法"。编写一个函数，将某记录 R 填入到散列表 H 中。

4. 画出对长度为 20 的有序顺序表进行二分查找的判定树，并指出在等概率的情况下，查找成功的平均查找长度、查找失败时所需的最多与关键字值的比较次数。

5. Trie 树，关键码由英文字母组成。它包括两类结点：元素结点和分支结点。元素结点包含整个 key 数据；分支结点有 27 个指针，其中有一个空白字符 'b'，用来终结关键码；其他用来标识 'a'，'b'，…，'z' 等 26 个英文字母，如图 8-1 所示。假设 Trie 树上叶子结点的最大层次为 h，同义词放在同一叶子结点中。试写出在 Trie 树中插入一个关键字的算法。

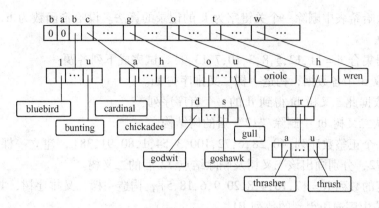

图 8-1 Trie 树

6. 试写出二分法查找的递归算法。

7. 已知一非空有序表，表中记录按关键字递增排列。以不带头结点的单循环链表作存储结构，外设两个指针 h 和 t。其中 h 始终指向关键字最小的结点，t 则在表中浮动，其初始位置和 h 相同，在每次查找之后指向刚查到的结点。

查找算法的策略是：首先将给定值 K 和 t. key 进行比较，若相等，则查找成功；否则因 K 小于或大于 t. key，从 h 或 t 所指结点的后继结点起进行查找。

（1）按上述查找过程编写查找算法。

（2）画出描述此查找过程的判定树，并分析在等概率查找时查找成功的平均查找长度（假设表长为 n，待查关键码 K 等于每个结点关键码的概率为 1/n，每次查找都是成功的，因此在查找时，t 指向每个结点的概率也为 1/n）。

8. 将上题的存储结构改为双向循环链表，且外设一个指针 sp，其初始位置指向关键字最小的结点，在每次查找之后指向刚查找到的结点。查找算法的策略是，首先将给定值 K 和 sp. key 进行比较，若相等，则查找成功；否则因 K 小于或大于 sp. key 继续从 sp 的前驱和后继起进行查找。编写查找算法并分析等概率查找时查找成功的平均查找长度。

9. 设二叉树用二叉链表表示，且每个结点的键值互不相同。请编写判别该二叉树是否为二叉排序树的非递归算法。

10. 已知一棵二叉排序树上所有关键字中的最小值为 min，最大值为 max，且 min < x < max。编写递归算法，求该二叉排序树上的小于 x 且最靠近 x 的值 a 和大于 x 且最靠近 x 的值 b。

11. 编写递归算法：从大到小输出给定二叉排序树中所有关键字不小于 x 的数据元素。要求算法的时间复杂度为 $O(\log_2 n + m)$。其中 n 为排序树中所含结点数，m 为输出的关键字个数。

12. 设二叉排序用二叉链表表示，请编写一个非递归算法，实现从大到小次序输出所有不小于 x 的结点的键值。

13. 试写一时间复杂度为 $O(\log_2 n + m)$ 的算法，删除二叉排序树中所有关键字不小于 x 的结点（其中 n 为树中所含结点个数，m 为被删除的结点个数）。

14. 编写一个算法，它能由大到小遍历一棵二叉查找树。

15. 试写一算法，将两棵二叉排序树合并为一棵二叉排序树。

16. 写出从哈希表中删除一个关键字为 k 的记录的算法。设哈希函数为 h，解决冲突的方法为链地址法。

17. 设数据集合 d = {1,12,5,8,3,10,7,13,9}，试完成下列各题：

（1）依次取 d 中各数据，构造一棵二叉排序树 bt。

（2）如何依据此二叉树 bt 得到 d 的一个有序序列？

（3）画出从二叉树 bt 中删除"12"后的树结构。

18. 输入一个正整数序列{40,28,6,72,100,3,54,1,80,91,38}，建立一棵二叉排序树，然后删除结点 72，分别画出该二叉树及删除结点 72 后的二叉树。

19. 对给定的数列 R = {7,16,4,8,20,9,6,18,5}，构造一棵二叉排序树，并且：

（1）给出按中序遍历得到的数列 R1。

（2）给出按后序遍历得到的数列 R2。

第9章 排　　序

9.1　本章内容

9.1.1　基本内容

本章的主要内容包括：讨论比较各种内部排序方法：插入排序、交换排序、选择排序、归并排序和基数排序的基本思想、算法特点、排序过程以及它们的时间复杂度分析。

在每类排序方法中，从简单方法入手，重点讨论性能先进的高效方法，如插入排序类中的希尔排序、交换排序类中的快速排序、选择排序类中的堆排序等。

9.1.2　学习要点

1）深刻理解排序的定义和各种排序方法的基本思想、排序过程、实现的算法、算法的效率及排序的特点，并能加以灵活应用。

2）理解各种方法的排序过程依据的原则。基于"关键字间的比较"进行排序的方法可以按排序过程所依据的不同原则，分为插入排序、交换排序、选择排序、归并排序和基数排序五类。

3）掌握各种排序方法的时间复杂度的分析方法。能从"关键字间的比较次数"分析排序算法在平均情况和最坏情况下的时间性能。按平均时间复杂度划分，内部排序可分为三类：$O(n^2)$的简单排序方法，$O(n\log_2 n)$的高效排序方法和$O(dn)$的基数排序方法。

4）理解排序方法"稳定"或"不稳定"的含义，了解在什么情况下要求应用的排序方法必须是稳定的。

5）了解"表排序"和"地址排序"的过程及其适用场合。

9.1.3　本章涉及数据结构

为讨论方便（除个别题目特别说明外），假设待排序的记录存放在一组内存地址连续的存储单元中，并设记录的关键字均为整数。定义待排序记录的数据类型为：

```
class RedType < T extends Comparable < T >> {
    T key;
    Object   data;
}
RedType < T   extends Comparable < T >>   r [ ]
    = new RedType < T   extends Comparable < T >>[ n ];
```

key 表示主关键字域；data 表示其他域；Redtype 表示记录类型标识符。r 表示一个 Redtype 类型的待排序数组，n 为数组元素的最大个数。

9.1.4 习题解析

单项选择题

【例9-1】下列排序算法中，_____可能会出现下面情况：在最后一趟开始之前，所有元素都不在最终位置上。

A. 冒泡排序　　　B. 插入排序　　　C. 快速排序　　　D. 堆排序

【解答】B

【分析】对于插入排序，若最后插入的元素是记录序列中的最小值，则在最后一趟开始之前，所有元素都不在最终位置上。

【例9-2】以下排序算法中，_____不能保证每趟至少能将一个元素放到其最终位置上。

A. 快速排序　　　B. 希尔排序　　　C. 冒泡排序　　　D. 堆排序

【解答】B

【分析】快速排序每次划分一定会得到轴值的最终位置；一趟冒泡排序至少有一个记录被交换到最终位置；一趟堆排序会确定当前堆顶记录的最终位置。希尔排序属于插入排序，每趟排序后元素的位置取决于待插入的记录值。

【例9-3】在下列排序方法中，关键字比较的次数与记录的初始排序次序无关的是_____。

A. 希尔排序　　　B. 快速排序　　　C. 插入排序　　　D. 选择排序

【解答】D

【分析】由于选择排序每趟都从待排序记录中选择关键字最小的记录，待排序区间的每个记录都要比较，不考虑已排好序的子序列，因此，关键字比较的次数与记录的初始排序次序无关。快速排序对已经排好序的子序列不予考虑。插入排序时，若关键字初始有序，有可能减少比较次数。

【例9-4】设有5000个元素，希望用最快的速度挑选出前10个最大的，采用_____方法最好。

A. 快速排序　　　B. 堆排序　　　C. 希尔排序　　　D. 归并排序

【解答】B

【分析】堆排序不必将整个序列排序，即可确定前若干个最大（或最小）元素。

【例9-5】快速排序的最大递归深度是_____，最小递归深度是_____。

A. $O(1)$　　　B. $O(\log_2 n)$　　　C. $O(n)$　　　D. $O(n\log_2 n)$

【解答】C，B

【分析】快速排序在正序时需要递归执行 $n-1$ 次，因此，最大递归深度是 $O(n)$。如果每次划分的轴值正好把待划分区间分为大小相等的两个子序列，则需要递归执行 $\lceil \log_2 n \rceil$ 次，因此，最小递归深度为 $O(\log_2 n)$。

综合题

【例9-6】设计一个算法：实现双向冒泡排序。

【解答】冒泡排序是从最下面的记录开始，对每两个相邻的关键字进行比较，且使关键字较小的记录切换至关键字较大的记录之上，使得经过一趟冒泡排序后，关键字最小的记录到达最上端；接着，再在剩下的记录中找关键字最大的记录，并把它换在最下端。依此类推，一直到所有记录都有序为止。双向冒泡排序则是每一趟通过每两个相邻的关键字进行比较，产生最小和最大的元素。

实现本题功能的算法：

```java
//排序元素 r[0]~r[n-1]
public <T extends Comparable <T>> void dBubble(RedType <T> r[]) {
    int n = r.length;
    int i = 0, j;
    boolean b = true;
    RedType <T> t;
    while (b) {
        b = false;
        for (j = n - i + 1; j >= i + 1; j--) {    // 找出较小的元素放在 r[i]处
            if (r[j].key.compareTo(r[j-1].key) < 0) {
                b = true;
                t = r[j];
                r[j] = r[j-1];
                r[j-1] = t;
            }
        }
        for (j = i + 1; j < n - i - 1; j++) {    // 找出较大的元素放在 r[n-i-1]处
            if (r[j].key.compareTo(r[j+1].key) > 0) {
                b = true;
                t = r[j];
                r[j] = r[j+1];
                r[j+1] = t;
            }
        }
        i++;
    }
}
```

【例9-7】编写实现快速排序的非递归函数。

【解答】依题意，使用一个栈 stack，存放有两个元素的线性表 top：

1) top.get(0)存储子表第一个元素的下标。

2) top.get(1)存储子表最后一个元素的下标。

首先将(0, n-1)入栈，然后进行如下循环直到栈空：退栈得到 t1，t2，调用数据分割函数 partition()，该函数自动调整好 t1~t2 子表的第一个元素的位置，并分解成两个子表 t1~i-1 和 i+1~t2，若这些子表不止一个元素，则入栈。每次调用 partition()都修改 r 的次序，最后 r 便有序了。

实现本题功能的算法：

```java
public static <T extends Comparable <T>> void quicksort(RecType <T> r[], int t1, int t2) {
```

```
//排序元素 r[0] ~ r[n-1]
        Stack < ArrayList < Integer >> stack = new Stack < ArrayList < Integer >> ( ) ;
        int i = t1 ;
        ArrayList < Integer > top = new ArrayList < Integer > ( ) ;
        top. add( t1) ;
        top. add( t2) ;
        stack. push( top) ;
        while ( ! stack. empty( ) ) {
            t1 = stack. pop( ). get( 0) ;
            t2 = stack. pop( ). get( 1) ;
            i = partition( r, t1, t2) ;
            if ( t1 < i - 1) {                  // 入栈
                top = new ArrayList < Integer > ( ) ;
                top. add( t1) ;
                top. add( i - 1) ;
                stack. push( top) ;
            }
            if ( i + 1 < t2) {                  // 入栈
                top = new ArrayList < Integer > ( ) ;
                top. add( i + 1) ;
                top. add( t2) ;
                stack. push( top) ;
            }
        }
    }
    //实现数据分割的算法
    public static < T extends Comparable < T >> int partition( RecType < T > r[ ] ,
            int low, int hight) {
        int i = low, j = hight ;
        RecType < T > x ;
        x = r[ i] ;                           // 初始化, x 作为基准
        do {                                 // 从右向左扫描, 查找第一个关键字小于 x. key 的记录
            while ( x. key. compareTo( r[ j]. key) <= 0 && j > i)
                j -- ;
            if ( j > i) { // 相当于交换 r[ i] 和 r[ j]
                r[ i] = r[ j] ;
                i ++ ;
            }
            while ( x. key. compareTo( r[ i]. key) >= 0 && i < j)
                // 从左向右扫描, 查找第一个关键字大于 x. key 的记录
                i ++ ;
            if ( i < j) { // 已找到 r[ i]. key > x. key
                // 相当于交换 r[ i] 和 r[ j]
```

```
                        r[ j ] = r[ i ];
                        j -- ;
                    }
            } while ( i ! = j );                // 基准 x 已最终定位
            r[ i ] = x;
            return i;
        }
```

【例9-8】试以 L. r[k]作为监视哨写出直接插入排序算法。其中，L. r[0.. k-1]为待排序记录。

【解答】

实现本题功能的算法：

```
public static < T extends Comparable < T >> void insert_Sort1 ( RecType < T > [ ] l ) {
    //监视哨设在高下标端的插入排序算法
        int k = l. length - 1;
        for ( int i = k - 2 ; i >= 0 ; -- i) {    // 从后向前逐个插入排序
            if ( l[ i ]. key. compareTo( l[ i + 1 ]. key) > 0) {
                l[ k ] = l[ i ];                  // 监视哨
                int j = i + 1;
                for ( ; l[ j ]. key. compareTo( l[ i ]. key) < 0 ; ++ j)
                    l[ j - 1 ] = l[ j ];          // 前移
                l[ j - 1 ] = l[ k ];              // 插入
            }
        }
}
```

【例9-9】在带头结点的单链表上，编写一个实现直接插入排序的算法。

【解答】算法实现的基本思想是：设四个指针 h、f、q 和 p，其中 h 是带头结点的单链表的头指针，f 是指向无序链表的头指针，q 是指向待排序结点的指针，p 是指向 q 结点应插入在其后的结点。首先设置一个仅含头结点的单链表 h，再依次将无序单链表 f 的第一个结点按数据域值的升序插入到单链表 h 中。

单链表的结点类型定义：

```
class LNode < T extends Comparable < T >> {
    T data;
    LNode < T > next;
//实现本题功能的算法
    void insertSort1( LNode < T > h ) {
        LNode < T > f, p, q;
        f = h. next;
        h. next = null;
        while ( f ! = null) {
            q = f;
```

```
            f = f. next;
            p = h;
            while ( p. next ! = null) {
                if ( p. next. data. compareTo( q. data) >0)
                    break;
                else
                    p = p. next;
            }
            q. next = p. next;
            p. next = q;
        }
    }
}
```

9.2 习题

9.2.1 基础题

单项选择题

1. 下列关于排序的叙述中，正确的是_____。

   A. 稳定的排序优于不稳定的排序

   B. 对同一线性表使用不同的排序方法进行排序，得到的结果可能不同

   C. 排序方法都是在顺序表上，在链表上无法实现排序方法

   D. 在顺序表上能实现的排序方法在链表上也可以实现

2. 对 6 个不同的数据元素进行直接插入排序，最多需要进行_____次关键字的比较。

   A. 10   B. 12   C. 15   D. 18

3. 在待排序的元素序列基本有序的前提下，效率最高的排序方法是_____。

   A. 插入排序   B. 选择排序   C. 快速排序   D. 归并排序

4. 一组记录的排序码为(46,79,56,38,40,84)，则利用堆排序的方法建立的初始堆为_____。

   A. (79,46,56,38,40,80)   B. (84,79,56,38,40,46)

   C. (84,79,56,46,40,38)   D. (84,56,79,40,46,38)

5. 以下序列不是堆的是_____。

   A. (100,85,98,77,80,60,82,40,20,10,66)

   B. (100,98,85,82,80,77,66,60,40,20,10,)

   C. (10,20,40,60,66,77,80,82,85,98,100)

   D. (100,85,40,77,80,60,66,98,82,10,20,)

6. 当所有 n 个待排序记录的关键字都相等时，直接插入排序的关键字比较次数和元素移动次数分别为_____。

   A. $n-1$ 和 0   B. $n(n-1)$ 和 n   C. $nlog_2 n$ 和 0   D. $O(n)$ 和 $O(n)$

7. 一组记录的关键码为(46,79,56,38,40,84)，则利用快速排序的方法，以第一个记录为基准得到的一次划分结果为_____。

    A. 38,40,46,56,79,84   B. 40,38,46,79,56,84

    C. 40,38,46,56,79,84   D. 40,38,46,84,56,79

8. 一组记录的排序码为(48,16,79,35,82,23,36,72)，按归并排序的方法对该序列进行一趟归并后的结果为_____。

    A. 16,48,35,79,23,82,36,72   B. 16,35,48,79,82,23,36,72

    C. 16,48,35,79,82,23,36,72   D. 16,35,48,79,23,36,72,82

9. 排序方法中，从未排序序列中依次取出元素与已排序序列（初始时为空）中的元素进行比较，将其放入已排序序列的正确位置上的方法，称为_____。

    A. 希尔排序   B. 冒泡排序   C. 插入排序   D. 选择排序

10. 排序方法中，从未排序序列中挑选元素，并将其依次放入已排序序列（初始时为空）的一端的方法，称为_____。

    A. 希尔排序   B. 归并排序   C. 插入排序   D. 选择排序

11. 若需在 $O(n\log_2 n)$ 的时间内完成对数组的排序，且要求排序是稳定的，则可选择的排序方法是_____。

    A. 快速排序   B. 堆排序   C. 归并排序   D. 直接插入排序

12. 下述几种排序方法中，平均查找长度最小的是_____。

    A. 插入排序   B. 选择排序   C. 快速排序   D. 归并排序

13. 下述几种排序方法中，要求内存量最大的是_____。

    A. 插入排序   B. 选择排序   C. 快速排序   D. 归并排序

填空题

1. 在对一组记录{54,38,96,23,15,72,60,45,83}进行直接插入排序时，当把第 8 个记录 45 插入到有序表时，为寻找插入位置需比较_____次。

2. 对于关键字序列{12,13,11,18,60,15,7,20,25,100}，用筛选法建堆，必须从键值为_____的关键字开始。

3. 对 n 个记录的表 r[1..n]进行简单选择排序，所需进行的关键字间的比较次数为_____。

4. 在插入排序、希尔排序、选择排序、快速排序、堆排序、归并排序和基数排序中，不稳定的排序有_____。

5. 在插入排序、希尔排序、选择排序、快速排序、堆排序、归并排序和基数排序中，平均比较次数最少的排序是____①____，需要内存容量最多的是____②____。

6. 在堆排序和快速排序中，若原始记录接近正序或反序，则选用____①____，若原始记录无序，则最好选用____②____。

7. 在插入和选择排序中，若初始数据基本正序，则选用____①____；若初始数据基本反序，则选用____②____。

8. 对 n 个元素的序列进行冒泡排序时，最少的比较次数是_____。

9. _____排序不需要进行记录关键字间的比较。

9.2.2 综合题

1. 已知序列{49,38,65,97,76,13,27}，请给出采用冒泡排序对该序列作升序排列时每一趟的结果。

2. 已知序列{503,87,512,61,908,170,897,275,653,462}，写出采用快速排序法对该序列作升序排序时每一趟的结果。

3. 已知序列{265,301,751,129,937,863,742,694,076,438}，写出采用基数排序法对该序列作升序排序时每一趟的结果。

4. 已知序列{503,17,512,908,170,897,275,653,426,154,509,612,677,765,703,94}，请给出采用希尔排序法（d1 = 8）对该序列作升序排序时每一趟的结果。

5. 已知序列{35,89,61,135,78,29,50}，请给出采用插入排序法对该序列作升序排序时每一趟的结果。

6. 已知序列{11,18,4,3,6,15,1,9,18,8}，请给出采用归并排序法对该序列作升序排序时每一趟的结果。

7. 有 n 个不同的英文单词，它们的长度相等，均为 m，若 n ≫ 50，m < 5，试问采用什么排序方法时间复杂度最佳？为什么？

8. 已知整型数组 A[n]，请设计一个算法：调整 A 的数组元素，使其前边的所有数组元素小于 0，后边的所有数组元素都不小于 0（要求算法的时间复杂度为 O(n)）。

9. 有一种简单的排序算法，叫作计数排序。这种排序算法对一个待排序的表（用数组表示）进行排序，并将排序结果存放到另一个新的表中。必须注意的是，表中所有待排序的关键字互不相同，计数排序算法针对表中的每个记录，扫描待排序的表一趟，统计表中有多少个记录的关键字比该记录的关键字小。假设对某一个记录，统计出数值为 c，那么这个记录在新的有序表中的合适的存放位置即为 c。

（1）给出适用于计数排序的数据表定义。

（2）编写实现计数排序的算法。

（3）对于有 n 个记录的表，比较次数是多少？

（4）与直接选择排序相比，这种方法是否更好？为什么？

10. 试设计算法，用插入排序方法对单链表进行排序。

11. 荷兰国旗问题：设有一个仅由红、白、蓝三种颜色的条块组成的条块序列。请编写一个时间复杂度为 O(n)的算法，使得这些条块按红、白、蓝的顺序排好，即排成荷兰国旗图案。

12. 试为下列情况选择合适的排序算法。

（1）记录数 n = 50，每个记录本身信息量很大，关键字分布随机。

（2）记录数 n = 50，关键字基本正序，要求稳定。

（3）记录数 n = 5000，要求平均情况速度最快。

（4）记录数 n = 5000，要求最坏情况最快且稳定。

（5）记录数 n = 5000，存储结构是单链表，关键字为整型，最长四位。

13. 已知排序码值序列{k1,k2,…,kn}是小根堆，现增加排序码值 x 到堆中{k1,k2,…,kn,x}后，写一个算法，将其调整成小根堆。排序码值为 ki 的记录存于 r[i−1]中。

14. 试设计算法，判断完全二叉树是否为大顶堆。

15. 某个待排序的序列是一个可变长度的字符串序列，这些字符串一个接一个地存储于唯一的字符数组中。请改写快速排序算法，对这个字符串序列进行排序。

16. 已知关键字序列 $\{k1，k2，k3，\cdots，kn-1\}$ 是大根堆：

（1）试写一算法，将 $\{k1，k2，k3，\cdots，kn-1，kn\}$ 调整为大根堆。

（2）利用 1）的算法写一个建大根堆的算法。

17. 在所有基于数组的排序中，哪些易于在链表（包括在单、双、循环链表）上实现？

18. 输入若干国家名称，请按字典顺序对这些国家进行排序（设所有的名称均用大写或小写表示）。

中篇 实验篇

第10章 实验指导

本篇内容是"数据结构"课程的上机实验指导。其实验内容丰富，涵盖了课程中所有的基础知识点。包括 Java 语言基础、线性表、栈、队列、串、数组和稀疏矩阵、树、图、查找、排序、递归。

在书后的附录中给出了详细的实验报告文档格式。

本篇旨在通过上机实验，逐步达到三个不同阶段的培养目标。

1）第一阶段：巩固常用数据结构的基本概念，使学生能够熟练掌握基础理论知识。

2）第二阶段：能够灵活运用基础知识，培养独立分析问题、解决问题的能力，提升程序设计的基本技能。

3）第三阶段：能够综合运用基础知识，拓展思维，培养研究能力，在实践中培养协作能力。

10.1 实验指南

10.1.1 实验内容设置

本篇实验指导共有 10 个实验，每个实验约为课内 2 课时。其中：

1）实验 1、2 是针对 Java 语言的练习，用于强化面向对象思想。

2）将"递归"独立成实验 11。由于"递归"与栈的关系紧密，实际教学中，可在"栈和队列"（第 3 章）的教学后完成实验 11，也可在课程后期单独进行这一主题的练习。

每一个实验分为基础练习、进阶练习、扩展练习三部分，三部分内容的难度是递进式的。

1）**基础练习**：以验证性实验为主，包括各章基础知识点，题目所涉及知识点相对单一。建议作为全部完成的练习。

2）**进阶练习**：以验证性和设计性相结合类题目为主，是帮助深入理解各章知识点的综合练习。此部分习题代码量较大，建议作为全部完成的练习。

3）**扩展练习**：以设计性题目为主，属于扩展性练习。将数据结构的基础知识与实际应用相结合，旨在拓宽视野，促进创造性思维的培养。任课教师可结合学生的实际情况安排完成。

10.1.2　实验须知

本篇旨在通过持续的、进阶的算法设计和编码过程，指导学生进行常用数据结构的上机实验。建议学生在每次实验前，要预知本次实验内容，对实验所需算法提前进行构思。

要求学生携带已经完成的算法进行上机实验。

本书中未提供实验习题的答案，对部分练习仅提供解题思路，旨在培养学生独立分析、思考和解决问题的能力。关于本书所有实验习题的源代码，读者可到如下"数据结构"精品课程网站进行下载：http://sjjg.jpkc.cqut.edu.cn/。

10.1.3　实验环境说明

本篇实验源代码均采用 Java 语言编写，在 JDK1.6 平台下调试通过。

建议读者能熟练使用 Java 语言编程，使用 Eclipse 或 Netbeans 作为实验平台。当然，实验题目与实验平台具有无关性，也可以选择 C++ 或 C 语言进行编程。

10.2　实验步骤

实验过程分为 6 个阶段，每一阶段应完成的任务如下。

1. 问题描述和问题分析

通常，实验题目的陈述比较简洁，可能对某些问题陈述不够详细，容易产生模棱两可的含义。因此，在进行设计之前，首先应充分地分析和讨论，明确问题要求做什么，限制条件是什么。

【注意】本阶段强调的是做什么，而不是怎么做。对问题的描述应避开算法和所涉及的数据类型，而对所需完成的任务做出明确的回答。例如，输入数据的类型、值的范围以及输入的形式；输出数据的类型、值的范围及输出的形式；若是会话式的输入，则结束标志是什么，是否接受非法的输入，对非法输入的回答方式是什么等，这一步还应该为调试程序准备好测试数据，包括合法的输入数据和非法的输入数据。

2. 数据类型和系统设计

这一阶段分为逻辑设计和详细设计两步。

1）逻辑设计。是对问题描述中涉及的操作对象定义相应的数据类型，并按照以数据结构为中心的原则划分模块，定义主程序模块和各抽象数据类型。作为逻辑设计的结果，应给出每个抽象数据的定义（包括数据结构的描述和每个基本操作的规格说明），各个主要模块的算法，并画出模块之间的调用关系图。

2）详细设计。是对数据结构和基本操作的规格说明做出进一步的优化，定义相应的存储结构并写出各函数的伪码算法。这一阶段要给出数据存储结构的类型定义，按照算法书写规范的算法框架。在这个过程中，要综合考虑系统功能，使得系统结构清晰、合理、简单和易于调试，抽象数据类型的实现要尽可能做到数据封闭，基本操作的规格说明要尽可能明确具体。

3. 编码实现

编码，即把详细设计的结果进一步求精为程序设计语言程序，写出源程序。编码的一般性原则包括（但不仅限于）：

1）程序的每一行不得超过 60 个字符。

2）每个函数体（不计首部和规格说明部分）一般不超过 40 行，最长不超过 60 行，否则应该分割成较小的函数。

3）控制 if 语句连续嵌套的深度。

【注意】如何编写程序才能较快地完成调试？对编程熟练的读者，如果基于详细设计的伪码算法就能直接在键盘上输入程序，则可以不必用笔在纸上写出编码，而将这一步的工作放在上机准备之后进行，即在上机调试之前直接用键盘输入。

4. 上机前程序静态检查

上机前程序静态检查可以有效提高调试效率，减少上机调试程序时的无谓错误。

静态检查主要有两种途径：

1）用一组测试数据手工执行程序。

2）通过阅读或给别人讲解自己的程序，从而深入全面地理解程序逻辑，把程序中的明显错误预先排除。

5. 上机调试程序

上机实验时应带上高级语言教材（或参考手册）、《数据结构》教材。调试最好分模块进行，自底向上，即先调试低层过程或函数。调试过程中应多动手确定疑点，通过修改程序来证明。

调试正确后，认真整理源程序及注释，写出或打印出带有完整注释的、格式规范的源程序清单和结果。

6. 完成上机实验报告

实验报告格式详见附录 B。

10.3　实验内容

10.3.1　实验 1　Java 语言面向对象基础编程

1. 实验目的

本实验的目的是复习 Java 语言和面向对象程序设计，理解 Java 语言如何体现面向对象编程基本思想，了解类的封装方法，以及如何创建类和对象，了解成员变量和成员方法的特性，掌握 OOP 方式进行程序设计的方法，了解类的继承性和多态性的作用，了解 Java 中包（Package）、接口（Interface）和抽象类的作用，掌握包、接口、抽象类的设计方法。

2. 基础练习

【练习 1】定义一个名为 MyRectangle 的矩形类，类中有 4 个私有的整型域，分别是矩形的左上角坐标（xUp,yUp）和右下角坐标（xDown,yDown）；类中定义没有参数的构造方法和有 4 个 int 参数的构造方法，用来初始化类对象。类中还有以下方法：getW( )——计算矩形的宽度；getH( )——计算矩形的高度；area( )——计算矩形的面积；toString( )——把矩形的宽、高和面积等信息作为字符串返回。编写应用程序使用 MyRectangle 类。

【练习 2】请定义一个名为 Card 的扑克牌类，该类有两个 private 访问权限的字符串变量

face 和 suit：face 描述一张牌的牌面值（如"Ace""Deuce""Three""Four""Five""Six""Seven""Eight""Nine""Ten""Jack""Queen""King"）；suit 描述一张牌的花色（如"Hearts""Diamonds""Clubs""Spades"）。定义 Card 类中的 public 访问权限的构造方法，为类中的变量赋值；定义 protected 访问权限的方法 getFace()，得到扑克牌的牌面值；定义 protected 访问权限的方法 getSuit()，得到扑克牌的花色；定义方法 toString()，返回表示扑克牌的花色和牌面值字符串（如"Ace of Hearts""Ten of Clubs"等）。

3. 进阶练习

【练习1】假如在开发一个系统时需要对员工进行建模，员工包含 3 个属性：姓名、工号以及工资。经理也是员工，除了含有员工的属性外，另外还有一个奖金属性。请使用继承的思想设计出员工类和经理类。要求类中提供必要的方法进行属性访问。

【练习2】定义一个自己的数学类 MyMath。类中提供静态方法 max，该方法接收 3 个同类型的参数（例如整形），返回其中的最大值。

【练习3】以点类作为基类，从点派生出圆，从圆派生圆柱，设计成员函数输出它们的面积和体积。

4. 扩展练习

【练习1】定义一个抽象基类 Shape，它包含 3 个抽象方法 center()、diameter()、getArea()，从 Shape 类派生出 Square 和 Circle 类，这两个类都用 center() 计算对象的中心坐标，diameter() 计算对象的外界圆直径，getArea() 计算对象的面积。编写应用程序使用 Square 类和 Circle 类。

【练习2】定义一个接口 Insurance，接口中有 4 个抽象方法：public int getPolicyNumber()；public int getCoverageAmount()；public double calculatePremium()；public Date getExpiryDate()。设计一个类 Car，该类实现接口的方法，编写应用程序。

10.3.2 实验2 Java 语言高级实用技术编程

1. 实验目的

本实验的目的是对数据结构实现过程中出现的常用高级 Java 内容进行复习，为以后编写复杂的数据结构做好准备。主要内容包括异常处理、Java 集合框架、自动装箱拆箱、泛型等内容。

2. 基础练习

【练习】自定义异常类 MyException，该类继承自 Exception 类，类中只有含一个字符串参数 msg 的构造方法，构造方法中只有一条语句 super(msg)——调用父类的构造方法。另外，编写自定义类 person，类中只有两个私有的变量，一个是字符串类型的姓名，另一个是整型变量 age；有两个公有方法 void getAge() 和 setAge(int age)，其中 setAge(int age) 的功能是把参数 age 的值加到类的变量 age 中（但要求 age > 0，否则抛出自定义异常 MyException 类的对象），getAge() 方法返回 age 的值。

3. 进阶练习

【练习1】在 HashSet 上进行集合操作。创建两个 HashSet｛"George""Jim""John""Blake""Kevin""Mechael"｝和｛"George""Katie""Kevin""Michelle""Ryan"｝，然后求它们的并集、差集和交集（可以先备份这些集合，以防随后进行的集合操作改变原来的集合）。

【练习2】在 ArrayList 上进行集合操作。创建两个 ArrayList ｛"George""Jim""John" "Blake""Kevin""Mechael｝和 ｛"George""Katie""Kevin""Michelle""Ryan"｝，求它们的并集、差集和交集（可以先备份这些集合，以防随后进行的集合操作改变原来的集合）。

【练习3】对 LinkedList 中的数字进行排序。编写程序，让用户输入数字，使用 LinkedList 存储这些数据，但不要存储重复的数值。然后分别对该链表进行排序，打乱顺序和颠倒顺序操作。

4. 扩展练习

【练习1】编写简单的学生、教师管理程序，学生类、教师类有公共的父类：Person，请添加相关属性。编写泛型类 Person Manager < T >，实现功能为：对学生、教师进行管理。PersonManager 有方法：add(T t) ;remove(T t)，findById(int id)，update(T t)，findAll( )。根据需要添加其他方法。通过键盘选择是对学生进行管理，还是对教师进行管理，所有必须的信息都通过键盘录入。录入的数据存储在 List 对象中。

【练习2】在 Java 中，Map 接口是用于存储健值对的容器。请熟悉 Map 接口的方法，并编写名为 SimpleMap 的类，实现 Map 接口。

10.3.3 实验3 线性表

1. 实验目的

熟练掌握线性表的基本操作，包括：创建、插入、删除、查找、输出、求长度、合并等运算，以及各类操作在顺序存储结构和链式存储结构上的实现。

2. 基础练习

【练习一】顺序表基础操作：构造一个顺序表，其最大长度为 n（n≤1024）。每个元素中记录着一个整型的键值 key（设键值唯一）。编写函数，完成表 10-1 的操作。

表 10-1　线性表的基本操作

（1）初始化线性表
（2）输出线性表
（3）取表中的第 i 个元素的键值
（4）从表中删除指定位置的元素
（5）从表中删除指定键值的元素
（6）向表的头部添加键值为 key 的元素
（7）向表的尾部添加键值为 key 的元素
（8）向表中指定的位置 pos 处添加键值为 key 的元素
（9）在表中搜索键值为 key 的元素，看其是否存在

【练习二】单链表基础操作：构造一个带头结点的单链表。其每个结点中记录着一个字符型的键值 key（设键值唯一）。编写函数，完成表 10-1 的操作。

【练习三】单循环链表基础操作：构造一个不带头结点的单循环链表。其每个结点中记录着一个整型的键值 key（设键值唯一）。编写函数，完成表 10-1 的操作。

【练习四】双向链表基础操作：构造一个带头结点的双向链表。其每个结点中记录着一个整型的键值 key（设键值唯一）。编写函数，完成表 10-1 的操作。

【练习五】双向循环链表：构造一个带头结点的双向循环链表。其每个结点中记录着一个整型的键值 key（设键值唯一）。编写函数，完成表 10-1 的操作。

3. 进阶练习

【练习一】编写函数，从一个顺序表 A 中删除元素值在 x 和 y（x≤y）之间的所有元素，要求以较高的效率来实现。

【练习二】编写函数，将一个顺序表 A（有 n 个元素且任何元素均不为 0），分拆成两个顺序表 B 和 C。使 A 中大于 0 的元素存放在 B 中，小于 0 的元素存放在 C 中。

【练习三】编写函数，用不多于 3n/2（n 为 A 中的元素个数）的平均比较次数，在一个顺序表 A 中找出最大值和最小值的元素。

【练习四】已知一个单链表如图 10-1 所示，编写一个函数将该单链表复制一个拷贝。

图 10-1　一个单链表

【练习五】如下类型定义：

```
class PolyNode{
    int exp;          //指数
    float coef;       //系数
    PolyNode next;
}
```

【要求】用链式存储结构实现：生成两个多项式 PA 和 PB，求 PA 和 PB 之和，输出"和多项式"。

4. 扩展练习

【练习一】约瑟夫生者死者问题。据说著名犹太历史学家 Josephus 有过以下的故事：在罗马人占领乔塔帕特后，39 个犹太人与 Josephus 及他的朋友躲到一个洞中，39 个犹太人决定宁愿死也不要被敌人抓到，于是决定了一个自杀方式：41 个人排成一个圆圈，从第 1 个人开始报数，由 1 报到 3，报到 3 的人就必须自杀，然后自杀者的下一个重新从 1 开始报数，报到 3 的再自杀，依此规律重复。然后再由下一个重新报数，直到所有人都自杀身亡为止。然而 Josephus 和他的朋友并不想遵从，Josephus 要他的朋友先假装遵从，他将朋友与自己安排在第 16 个与第 31 个位置，于是逃过了这场死亡游戏。这就是著名的约瑟夫生者死者问题。

17 世纪的法国数学家加斯帕在《数目的游戏问题》中也讲了这样一个故事：15 个教徒和 15 个非教徒在深海上遇险，必须将一半的人投入海中，其余的人才能幸免于难，于是想了一个办法：30 个人围成一圆圈，从第 1 个人开始报数 1，报数到 9 的人将其投入大海，然后从该人的下一个人重新报数 1，报数到 9 的人又投入大海，依此规律重复。如此循环进行直到仅余 15 个人为止。

【问题】怎样安排才能使每次投入大海的都是非教徒？请编程解决这一 n（1≤n≤30）个人的跳海问题。要求分别用两种线性表的存储结构来解决。

【提示】在使用链式存储结构时，可构造具有 30 个结点的单循环链表。

【练习二】数字信号（见图 10-2），可以用两个属性来描述：信号在时间轴上的起点，以及任何特定时刻的振幅。因此，可以定义如下结构，在离散的时间轴上表示数字信号。

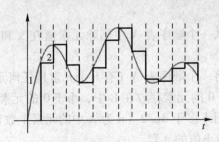

图 10-2　数字信号示意图

```
class Signal{
    int time;           //时间
    int amplitude;      //振幅
    Signal next;
}
```

建立具有上述结点结构的链表，该链表就可以用于描述图 10-2 中所示的数字信号了。

【问题】建立链式存储结构，编写程序，完成下列操作。

1）记录若干数字信号结点的信息。

2）查询信号中给定振幅的位置。

3）在信号的末尾添加一个新的值。

4）在信号的前部添加一个新的值。

5）显示数字信号。

6）得到信号中特定振幅的频率。

10.3.4　实验 4　栈和队列

1. 实验目的

1）深入了解栈和队列的特性，以便灵活应用。

2）熟练掌握栈的两种构造方法、基于栈的各种操作和应用。

3）熟练掌握队列的两种构造方法、基于队列的各种操作和应用。

2. 基础练习

【练习一】如下结构，它表示一个能够保存 1024 个整数的整型顺序栈。

```
class Stack{
    final static int MAX = 1024;
    int data[ ] = new int[MAX];
    int top;
}
```

编写函数，完成表 10-2 的操作。

表 10-2　栈的基本操作

(1) 初始化栈
(2) 显示栈顶元素
(3) 将一个元素入栈
(4) 从栈中弹出一个元素
(5) 判栈是否为空
(6) 判栈是否为满

【练习二】如下结点结构，试用该结构构造一个链栈。

```
class Link{
    int info;
    Link next;
}
```

编写函数，完成如表 10-2 所示操作。

【注意】链栈是否要判栈满？

【练习三】如下结构，它是一个能保存 1023 个整数的整型循环队列。

```
class Queue{
    final static int MAX = 1024;
    int front;
    int rear;
    int data[] = new int[MAX];
}
```

编写函数，完成表 10-3 的操作。

表 10-3　队列的基本操作

(1) 初始化队列
(2) 将一个元素入队
(3) 将一个元素出队
(4) 判队列是否为空
(5) 判队列是否为满

【练习四】如下结点结构，试用该结构构造一个链队列。

```
class Node {
    int data;
    Node next;
}
```

编写函数，完成如表 10-3 所示操作。

【注意】链队列是否要判队列满？

3. 进阶练习

【练习一】编写一个程序，以降序显示前 50 个素数。

【提示】使用栈存储素数。

【练习二】已知 Ackerman 函数的定义如下：

$$Ack(m,n) = \begin{cases} n+1; & m=0 \\ Ack(m-1,1); & m\neq0,n=0 \\ Ack(m-1,Ack(m,n-1)); & m\neq0,n\neq0 \end{cases}$$

【问题】利用栈写出计算 Ack（m, n）的非递归算法。

【提示】本题可使用顺序栈结构。

【练习三】编译器使用了栈结构。例如，在检查程序语法时，用栈结构检查括号匹配的问题。具体操作如下。

1）从源代码文件中逐个读入字符。

2）每读入一个 ｛时，将一个对象（任何对象，具体是什么并不重要）压入栈中。

3）每读入一个｝时，将一个对象（任何对象，具体是什么并不重要）从栈中弹出；当读入一个｝时，栈为空，那么一定缺少了 ｛。

4）如果读到文件末尾，栈还不为空，那么一定缺少了｝。

【问题】编写程序，检查源程序中的括号 ｛和 ｝ 是否匹配。

【提示】可利用【基础练习】中定义的栈结构及基本操作来实现。

【练习四】到医院看病时，患者需排队等候，排队过程中主要重复两件事：

1）病人到达诊室时，将病历交给护士，排到等候队列中候诊。

2）护士从等候队列中取出下一个患者的病历，该患者进入诊室就诊。在排队时按照"先到先服务"的原则。

【问题】设计一个算法模拟病人等候就诊的过程。

【提示】采用一个队列，有"病人到达"命令时即入队，有"护士让下一位患者就诊"命令时即出队。由于队列人数未知，建议采用链队列。

4. 扩展练习

【练习一】如果一个数从左边读和从右边读一样，那么说这是一个回文数。例如，75457 是一个回文数。当然，这个数的特性还依赖于表示它的进制。如果用十进制表示 17，它不是回文数；但是如果用二进制（10001）表示它，它就是一个回文数。

【问题】编写程序，判断某数在二 ~ 十六进制下是否是回文数。程序输出的信息为："Number i is palindrom in basis"，其中 i 是给定的数，接着输出进制，在该进制下数 i 是否回文。如果这个数在二 ~ 十六进制下都不是回文数，程序输出："Number i is not palindrom"。

如输入数据为：

17

19

输出数据为：

Number 17 is palindrom in basis 2 4 16

Number 19 is not a palindrom

【练习二】 将中缀表达式转换成逆波兰式。

表达式计算是实现程序设计语言的基本问题之一。在计算机中进行算术表达式的计算可通过栈来实现。通常书写的算术表达式由操作数、运算符以及圆括号连接而成。为简便起见，在这里只讨论双目运算符。

算术表达式的两种表示如下。

1）**中缀表达式**：把双目运算符出现在两个操作数中间的表达示叫做算术表达式的中缀表示，这种算术表达式称为中缀算术表达式或中缀表达式。如表达式 $2+5*6$ 就是中缀表达式。

2）**后缀表达式**：中缀表达式的计算比较复杂。能否把中缀算术表达式转换成另一种形式的算术表达式，使计算简单化呢？波兰科学家卢卡谢维奇（Lukasiewicz）提出了算术表达式的另一种表示，即后缀表达式，又称逆波兰式。

逆波兰式是把运算符放在两个运算对象的后面。在后缀表达式中，不存在括号，也不存在优先级的差别，计算过程完全按照运算符出现的先后次序进行，整个计算过程仅需一遍扫描便可完成，比中缀表达式的计算简单得多。例如，12!4! - !5!/就是一个后缀表达式。其中"!"表示操作数之间的空格，因减法运算符在前，除法运算符在后，所以应先做减法，后做除法；减法的两个操作数是它前面的 12 和 4，其中第一个数 12 是被减数，第二个数 4 是减数；除法的两个操作数是它前面的 12 减 4 的差（即 8）和 5，其中 8 是被除数，5 是除数。

中缀表达式转换成对应的后缀表达式的规则是：
把每个运算符都移到它的两个运算对象的后面，然后删除掉所有的括号即可。

表 10-4 是一些中缀表达式与后缀表达式对应的例子。

表 10-4 中缀表达式与对应的后缀表达式

中缀表达式	后缀表达式
$3/5+6$	3!5!/!6! +
$16-9*(4+3)$	16!9!4!3! + ! * ! −
$2*(x+y)/(1-x)$	2!x!y! + ! * !1!x! − !/
$(25+x)*(a*(a+b)+b)$	25!x! + !a!a!b! + ! * !b! + ! *

【问题】 编程，将任意一个合法的中缀表达式转换成后缀表达式。假定表达式中的数字均为 1 位整数，运算符包括：+、−、*、/、(、)。

【提示】 中缀表达式和得到的后缀表达式，均用字符串的形式存储。从左向右顺序扫描中缀表达式，根据读取到的是数字字符还是运算符，分别进行处理。

10.3.5 实验5 串

1. 实验目的

1）掌握串的基本概念、存储方法及主要运算。

2）将串的运算应用到文本编辑中。

2. 基础练习

【练习一】

采用定长顺序存储结构存储串。设计一个函数 count( )，统计当前字符串中单词的个数。

【练习二】采用定长顺序存储结构存储串。设计一个算法：将串中所有的字符倒过来重新排列。

【练习三】采用定长顺序存储结构存储串。编写一个函数 replace(begin,s1,s2)：要求在当前对象串中，从下标 begin 开始，将所有的 s1 子串替换为 s2 子串。

【练习四】如果第二个字符串以第一个字符串作为开始字符串，就说第一个字符串是第二个字符串的前缀。例如，Wonder 是 Wonderful 的前缀，原因在于 Wonderful 以 Wonder 作为开始字符串。

编程：判断某字符串是否是另一个字符串的前缀。

3. 进阶练习

【练习一】什么是字符串的子序列？

有时，人们会将子序列误认为是子串，这是不正确的看法。两者存在一些细微的差别。如果第一个字符串中的字符从左到右依次出现在第二个字符串中，这样没有必要像子串那样连续出现，那么第一个字符串称为第二个字符串的子序列。例如，Wine 是字符串 World is not enough 的子序列。

【问题】编程：判断一个字符串是否是另一个字符串的子序列。

假定出现在两个字符串中的字符都是唯一的。

【练习二】假设以定长顺序存储结构表示串，设计一个算法：

    void maxcommonstr(SString s, SString t, int[ ] subStr);

求串 s 和串 t 的一个最长公共子串，其中参数 subStr 用来记录最长公共子串的信息，subStr[0]、subStr[1]和 subStr[2]分别为最长公共子串的长度、在串 s 和串 t 中的起始位置。

【练习三】采用定长顺序存储结构存储串。利用串的基本运算，编写一个算法：删除串 s1 中所有 s2 子串。

【练习四】采用定长顺序存储结构存储串。编写一个实现串通配符匹配的函数 pattern_index( )，其中的通配符只有"?"，它可以和任一字符匹配成功。

例如，pattern_index("?re","there are")返回的结果是 2。

4. 扩展练习

【练习一】实现堆存储结构上串的各种基本运算及其应用算法。

【练习二】试写一算法，实现堆存储结构的串的插入操作：StrInsert(S,pos,T)。

【练习三】S = "s1s2…sn"是一个长为 N 的字符串，存放在一个数组中，编写程序将 S 改造之后输出：

1）将 S 的所有第偶数个字符按照其原来的下标从大到小的次序放在 S 的后半部分。

2）将 S 的所有第奇数个字符按照其原来的下标从小到大的次序放在 S 的前半部分。

例如：S = "ABCDEFGHIJKL"；

则改造后的 S 为"ACEGIKJHFDB"。

10.3.6　实验6　数组和广义表

1. 实验目的

1）熟练掌握数组的存储表示和实现。

2）熟悉广义表的存储结构的特性。

2. 基础练习

【练习一】设数组 R[0..n−1] 的 n 个元素中有多个 0 元素。设计一个算法，将 R 中所有的非 0 元素依次移动到 R 数组的前端。

【提示】用 i 指向不为 0 元素应放的下标，用 j 遍历 R，当 R[j] 不为 0 时，在 i 与 j 不相同时将 R[i] 与 R[j] 交换。

【练习二】设计一个算法，将 A[0..n−1] 中所有奇数移到偶数之前。要求不另增加存储空间，且时间复杂度为 O(n)。

【提示】利用 i 从左向右遍历，指向 A 左边的一个偶数；利用 j 从右向左遍历，指向 A 右边的一个奇数，然后将 A[i] 与 A[j] 交换。如此循环直到 i 大于等于 j。

【练习三】如果矩阵 A 中存在这样的一个元素 A[i,j] 满足条件：A[i,j] 是第 i 行中值最小的元素，且又是第 j 列中值最大的元素，则称之为该矩阵的一个马鞍点。

编写函数：计算出 m × n(1≤m,n≤20) 的矩阵 A 的所有马鞍点。

3. 进阶练习

【练习一】如下稀疏矩阵 A。编写程序：用三元组表存储该稀疏矩阵，并以阵列形式输出该稀疏矩阵。

$$\begin{bmatrix} 50 & 0 & 0 & 0 \\ 10 & 0 & 20 & 0 \\ 0 & 0 & 0 & 0 \\ -30 & 0 & -60 & 5 \end{bmatrix}$$

【练习二】以三元组表表示法表示稀疏矩阵，实现两个矩阵相加、相减和相乘的运算。运算结果的矩阵以阵列形式列出。

4. 扩展练习

【练习一】编写一个函数删除广义表中所有值为 x 的元素。

例如，删除广义表((a, b), a, (d, a))中所有 a 的结果是广义表((b),(d))。

【练习二】使用黑色墨水在白纸上签名，其实就是一些黑点（像素）所构成的稀疏矩阵，如图 10-3 所示。

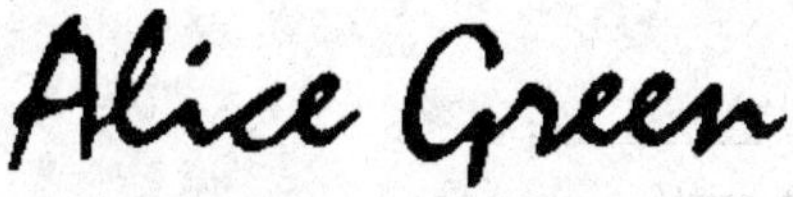

图 10-3　手写体签名

【问题】请创建一个稀疏点阵信息（用于描述文字或图形），并保存于磁盘文件中。

1）读取磁盘文件的点阵信息到稀疏矩阵；稀疏矩阵采用三元组表示。

2）用 3 种不同的算法实现稀疏矩阵转置，转置后的矩阵也采用三元组表示。

3) 以阵列的形式输出转置后的矩阵。

10.3.7 实验7 树和二叉树

1. 实验目的

1) 熟练掌握二叉树的概念及存储方法。

2) 熟练掌握二叉树的遍历算法及基于二叉树遍历的各类应用。

3) 掌握实现树的各种运算的算法。

2. 基础练习

【练习一】如下程序建立了一棵二叉树并进行中序遍历，请填空完成该程序。

```
class BNode{
    char data;
    BNode lchild , rchild;
}
class  BLink{
    BNode bt;
    void add(char ch){
        add(bt,ch);
    }
    void add(BNode bt,char ch){
        if(bt == null){
            bt = new BNode();
            bt. data = ch;
            bt. lchild = bt. rchild = null;
        }
        else if( ch < bt. data)
            bt. lchild = add(bt. lchid ,ch);
        else
            bt. rchild = add(bt. rchild,ch);
    }
    void inorder(){
        inorder(bt);
    }
    void inorder(BNode bt){
        if(bt! = null){
            inorder(bt. _____);
            System. out. print(_____);
            inorder(bt. _____);
        }
    }
    public static void main(String[ ] args){
        BLink root = null;
```

98

```
        int i,n;
        char x;
        Scanner sc = new Scanner(System. in);
        n = sc. nextInt();
        for(i = 0;i <= n;i ++){
            x = sc. next. charAt(0);
            root. add(x);
        }
        root. inorder();
        System. out. println();
    }
```

若上述程序的输入为：ephqsbma

则程序运行输出为：_____

【练习二】设二叉树的每个结点中包含一个整型键值，如图 10-4 所示。编程，建立二叉树的二叉链式存储结构，并实现如表 10-5 所示操作。

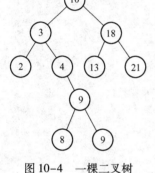

图 10-4　一棵二叉树

表 10-5　二叉树的基本操作

(1) 求二叉树的结点数和叶子数
(2) 按层次遍历二叉树
(3) 对二叉树进行先序遍历、中序遍历、后序遍历
(4) 求二叉树的深度
(5) 求二叉树中以元素值为 x 的结点为根的子树的深度

3. 进阶练习

【练习一】一棵二叉树如图 10-5 所示。将其存于顺序表 sa 中，sa. elem[1...last]含结点值。试编写算法：由此顺序存储结构建立该二叉树的二叉链表。

顺序表 sa：

A	B	C	D	⊙	E	F	⊙	G	⊙	⊙	H	⊙

【练习二】一棵树如图 10-6 所示。编写程序，以双亲表示法存储这棵树，并计算树的深度。

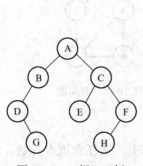

图 10-5　一棵二叉树

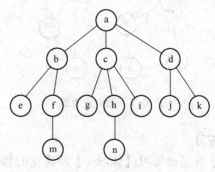

图 10-6　一棵树

4. 扩展练习

【练习】编程，以孩子 – 兄弟链法存储一棵树，并实现如表 10–6 所示的操作。

表 10–6　树的基本操作

(1) 统计该树的叶子数
(2) 求该树的深度
(3) 在树中查找值为 x 的结点
(4) 对找到的某一结点，计算其所拥有的孩子的个数
(5) 对找到的某一结点，找出其所有的兄弟
(6) 对找到的某一结点，找出其所有的叔叔

10.3.8　实验8　图

1. 实验目的

1) 熟悉图的各种存储方法。

2) 掌握遍历图的递归和非递归的算法。

3) 理解图的有关算法。

2. 基础练习

【练习一】如图 10-7 所示无向连通图，完成下面练习：

1) 编程，实现该图的邻接矩阵存储。

2) 编程，实现如下操作。

- insertLine(G,e)：向图中添加一条边。
- deleteLine(G,e)：从图中删除一条边。

【练习二】如图 10-8 所示有向图，完成下面练习：

1) 编程，实现该图的邻接表存储。

2) 编程，实现如下操作。

- insertLine(G,e)：向图中添加一条边。
- deleteLine(G,e)：从图中删除一条边。

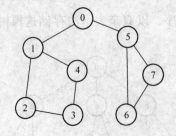

图 10-7　无向连通图

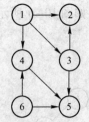

图 10-8　有向图

3. 进阶练习

【练习一】在基础练习【练习一】所建立的邻接矩阵上，从任意顶点开始，对邻接矩阵进行深度优先搜索，给出搜索序列。

【练习二】在基础练习【练习二】所建立的邻接表上，从任意顶点开始，对邻接表进行广度优先搜索，给出搜索序列。

【提示】若有向图是非强连通图，则一次遍历不能访问到所有的顶点。一次遍历结束后，还需从未被遍历到的顶点中重新选择顶点，再继续进行遍历，如此反复，直到所有顶点都被访问到为止。可以通过设置 visited[ ]数组，遍历时将 visited[i]置 true，表示顶点 i 被访问过。遍历后，若所有顶点 i 的 visited[i]均为 true，则该图是连通的；否则不连通。

【练习三】编写函数，实现将基础练习【练习一】所建立的邻接矩阵存储转换成邻接表存储。

4. 扩展练习

【练习一】编写程序，对图 10-8 所示有向图进行拓扑排序，要求用图的邻接表方式存储。

【练习二】1736 年瑞士数学家欧拉（Euler）发表了图论的第一篇论文"哥尼斯堡七桥问题"。在当时的哥尼斯堡城有一条横贯全市的普雷格尔河，河中的两个岛与两岸用七座桥连接起来，如图 10-9a 所示。当时那里的居民热衷于一个问题：游人怎样才能不重复地走遍七座桥，最后又回到出发点呢？

瑞士著名数学家欧拉认为，人们关心的只是一次不重复地走遍这七座桥，而并不关心桥的长短和岛的大小，因此，岛和岸都可以看作一个点，而桥则可以看成是连接这些点的一条线。这样，一个实际问题就转化为了一个几何图形（如图 10-9b）能否一笔画出的问题。

欧拉用 A，B，C，D 这 4 个字母代替陆地，作为 4 个顶点，将连接两块陆地的桥用相应的线段表示，如图 10-9b 所示。于是哥尼斯堡七桥问题就变成了图 10-9b 中，是否存在经过每条边一次且仅一次，经过所有的顶点的回路问题了。欧拉在论文中指出，这样的回路是不存在的。

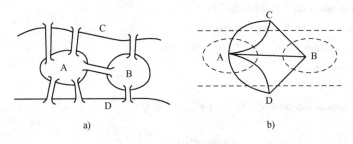

a)   b)

图 10-9   哥尼斯堡七桥

【问题】设图 G 的一个回路，若它恰通过 G 中每条边一次，则称该回路为欧拉回路。存在欧拉回路的图就是欧拉图（Euler Graph）。编程，判断图 10-9b 中所示的"哥尼斯堡七桥"是否是一个欧拉图。

【提示】如果图中的所有顶点都拥有偶数的度数，那么这样的图称为欧拉图。

10.3.9 实验 9 查找

1. 实验目的

1）掌握顺序查找、二分查找、分块查找、哈希表查找的算法。

2）掌握二叉排序树的建立和查找算法。

3）能运用线性表的查找方法解决实际问题。

2. 基础练习

【注意】本实验中，所有表元素均具有唯一关键字值。

【练习一】填空：在一个无序表 A 中采用顺序查找算法查找值为 x 的元素。

```
public staticint search ( int A[ ], int x){
    int n = A. lenght;
    int i = 0;
    while ( i < n && A[ i] ! = x)
        i ++ ;
    if ( i >= n)
        return _____;
    else
        return _____;
}
    public static void main( String[ ] args){
    int a[ ] = {2, 5, 56, 10, 12, 15, 8, 19, 25, 32}, n, d, i;
    System. out. print("A 数值\n 下标");
    for ( i = 0;i < 10;i ++ )
        System. out. printf("%3d",i);
    System. out. print("\n 值");
    for ( i = 0;i < 10;i ++ )
        System. out. printf("%3d",a[ i]);
    System. out. print("\n 输入值:");
    Scanner sc = new Scanner( System. in);
    d = sc. nextInt( );
    n = search( a, d);
    if ( n > = 0)
        System. out. println("A[ "+ n +"] = "+ d);
    else
        System. out. println(d +"未找到",d);
    }
```

【练习二】一个长度为 n（n≤1024）的有序表，其元素分别包含一个整型键值。编写程序：查找键值为 x 的元素。

【练习三】设有关键字集合：{22,12,13,8,9,20,33,42,44,38,24,48,60,58,74,49,86,53}，为其建立索引表，实现分块查找算法。

【提示】分块查找又称为索引顺序查找。分块查找过程分两步进行：首先用某种查找方法查找索引表（若索引表有序，则采用二分查找检索索引表），以确定待查找数据属于哪一块。然后在块内顺序查找要找的数据。本例可分 3 块建立查找表及其索引表，分块结果是块内无序，块间有序。索引表结点结构中包括：块的起始地址与块内的最大关键字。

3. 进阶练习

【练习一】一个长度为 n（n≤1024）的有序表，其元素分别包含一个整型键值。编写程序：向有序表中插入一个元素 x，并保持表的有序性。

【提示】利用二分查找法寻找 x 的插入位置。

【练习二】编程，有 n（n≤100）个整数，构造其对应的二叉排序树。

【提示】二叉排序树的生成，可从空的二叉树开始，每输入一个结点数据，就建立一个新结点插入到当前已生成的二叉排序树中，所以它的主要操作是二叉排序树的插入运算。在二叉排序树中插入新结点，只要保证插入后仍符合二叉排序树的定义即可。

插入新结点的过程：

若二叉排序树为空，则将待插入结点 s（结点由指针 s 所指向）作为根结点插入到空树中；当二叉排序树非空，将待插结点的关键字 s. key 与树根的关键字 t. key 比较，若 s. key = t. key，则说明树中已有此结点，无需插入；若 s. key < t. key，则将待插结点 s 插入到根的左子树中，否则将 s 插入到根的右子树中。而子树中的插入过程又和在树中的插入过程相同，如此进行下去，直到把结点 s 作为一个新的树叶插入到二叉排序树中，或者直到发现树中已有结点 s 为止。

4. 扩展练习

【练习一】哈希表查找。已知一组关键字为(26,36,41,38,44,15,68,12,06,51)。

【问题】编写程序，构造这组关键字的哈希表。要求：用除留余数法构造哈希函数，用线性探测法寻找开放地址，以解决冲突。

【提示】为减少冲突，通常令装填因子 α < 1。这里关键字个数 n = 10，不妨取 m = 13，此时 α ≈ 0.77，散列表为 T[0..12]，由此得到哈希函数为：h(key) = key % 13。

【练习二】现在要从滑铁卢去另一个城市，问题是你和那里的人语言不相通。幸好你有一本字典，必要时可以通过查字典进行交流。如下是一些案例。其中，每一行的第一个字符串是英语单词，空格后面的字符串是对应的外语方言。

    dog ogday

    cat atcay

    pig igpay

    froot ootfray

    loops oopslay

【问题】编写程序，对你所遇到的外语单词，通过查字典将其翻译成英文单词，如果某个单词在字典中找不到，则将其翻译为"eh"。例如：

    atcay

    ittenkay

    oopslay

翻译为：

    cat

    eh

    loops

【提示】可将字典建立为磁盘文件。程序首先将磁盘文件中的字典读入内存，在内存中建立字典表，用二叉排序树存储。二叉排序树的每个结点中至少应包含"方言单词"和"英文单词"。注意思考二叉排序树应该以什么为序来建立？当建立好二叉排序字典树之后，翻译就是基于对二叉排序树所进行的搜索。

10.3.10 实验10 排序

1. 实验目的

1）掌握各种排序方法的基本思想、排序过程、实现的算法和优缺点。

2）了解各种排序方法依据的原则，以便根据不同的情况选择合适的排序方法。

2. 基础练习

【练习一】填空，完成快速排序算法。

```
class RecType{
    int key;
    int no;
}
public static int partition(RecType[ ] r , int i, int j){
    RecType pivot = r[i];
    while(i < j){
        while(i < j&&r[j]. key >= pivot. key)
            _____;
        if(i < j)
            r[_____] = r[j];
        while(i < j&&r[i]. key <= pivot. key)
            _____;
        if(i < j)
            r[_____] = r[i];
    }
    _____;
    return i;
}
public static void quicksort(RecType[ ] r, int low , int high){
    int pivotpos;
    if (low < high){
        pivotpos = partition(r,low,high);
        quicksort(r,low,pivotpos - 1);
        quicksort(r,piotpos + 1,high);
    }
}
public static void   main(String[ ] args){
    int i,n;
```

```
Scanner sc = new Scanner(System. in);
n = sc. nextInt();
RecType[ ] r = new RecType[n];
for(i = 0;i < n;i ++){
    r[i] = new RecType();
    r[i]. no = sc. nextInt();
    r[i]. key = sc. nextInt();
}
quicksort(r,_____,n);
for(i = 0;i < n;i ++)
    System. out. print("r[i]. no +": " + r[i]. key);
System. out. println();
}
```

【练习二】顺序表中包含 n (n≤100) 个 1000 以内的随机整数，假设其中没有重复键值的元素。试对该顺序表按关键字递增的顺序排序。

要求分别使用：直接插入排序、选择排序、冒泡排序、快速排序算法实现。

【练习三】在有 n (n≤80) 个学生的成绩表里，每条信息由学号、姓名、数学成绩、英语成绩、计算机成绩与平均成绩组成。要求：

1）按分数高低次序，输出每个学生的名次，分数相同的为同一名次。

2）按名次输出每个学生的姓名与分数。

3. 进阶练习

【练习一】顺序表中包含 n (n≤100) 个 1000 以内的随机整数，设其中元素没有重复键值。

【问题】试对该顺序表按关键字递增的顺序排序。要求分别用：shell 排序、二路归并排序算法实现。

【练习二】有 n (n≤100) 个 1000 以内的随机整数，假设其中没有重复键值的元素。

【问题】试对该顺序表按关键字递增的顺序排序。要求使用堆排序算法。

4. 扩展练习

【练习一】哪些饮料最热销？

校园里的小超市想知道哪些饮料在哪部分学生群体（如男生、女生）中最畅销。可以发起一个调查。根据调查结果，就能大致了解在学生群体中最热销的饮料。

【问题】做一个调查问卷。根据调查结果：

1）找出最受欢迎前三位的饮料。

2）根据购买者的群体（男生、女生）不同，分析不同学生群体的喜好是否有显著差异？

3）根据饮料的类别（如碳酸饮料、非碳酸饮料），分析不同学生群体的喜好是否有显著差异？

【练习二】现在的上机考试虽然有实时的评判系统，但上面的排名只是根据完成的题目数排序，没有考虑每题的分值，所以并不是最后的排名。现在给定录取分数线，请编写程序找出最后通过分数线的考生，并将他们的成绩按降序打印。

已知考生人数 N（0 < N < 1000），考题数目 M（0 < M≤10），分数线（正整数）G 为 25 分。每一名考生的准考证号是长度不超过 20 的字符串。如下是一组测试案例：

考生人数：4

题目总数：5

录取分数线：25

每题分值：10，10，12，13，15

学生准考证号及完成题目情况如表 10-7 所示。

表 10-7　测试案例表

准考证号	解题总数	完成的题目号				
CS004	3	5	1	3		
CS003	5	2	4	1	3	5
CS002	2	1	2			
CS001	3	2	3	5		

【问题】编写程序：按分数从高到低输出上线考生的准考证号与分数。若有多名考生分数相同，则按他们准考证号的升序输出。

10.3.11　实验 11　递归

1. 实验目的

1）了解递归过程运行的机制。

2）了解递归模型的分析、建立方法，熟练掌握递归程序的编码和调试。

2. 基础练习

【练习一】编写一个函数，使用递归的方法计算某一整数 n 的阶乘。

【练习二】斐波纳契数列（Fibonacci Sequence）又称黄金分割数列，是意大利数学家列昂纳多·斐波纳契发明的。斐波纳契数列指的是这样一个数列：1、1、2、3、5、8、13、21、…。这个数列从第三项开始，每一项都等于前两项之和。在数学上，斐波纳契数列以如下递归的方法定义：

$$F(0) = 0,$$
$$F(1) = 1,$$
$$F(n) = F(n-1) + F(n-2)(n >= 2, n \in N*);$$

斐波纳契数列在现代物理、准晶体结构、化学等领域都有直接的应用。

【问题】编写程序，求斐波纳契数列的第 n 项。

【练习三】编程，使用递归的方法检查某一整数是否是素数。

3. 进阶练习

【练习一】编程，找出 100 以内（十进制）的所有快乐数。

【提示】快乐数（Happy Number）有以下的特性：在给定的进位制下，求该数字所有数位的平方和，得到一个新数。对新得到的数再次求所有数位的平方和，如此重复进行，最终结果必为 1。

以十进制为例：

1）$28 \rightarrow 2^2 + 8^2 = 68 \rightarrow 6^2 + 8^2 = 100 \rightarrow 1^2 + 0^2 + 0^2 = 1$。

2）$32 \rightarrow 3^2 + 2^2 = 13 \rightarrow 1^2 + 3^2 = 10 \rightarrow 1^2 + 0^2 = 1$。

3）$37 \rightarrow 3^2 + 7^2 = 58 \rightarrow 5^2 + 8^2 = 89 \rightarrow 8^2 + 9^2 = 145$
$\quad \rightarrow 1^2 + 4^2 + 5^2 = 42 \rightarrow 4^2 + 2^2 = 20 \rightarrow 2^2 + 0^2 = 4$
$\quad \rightarrow 4^2 = 16 \rightarrow 1^2 + 6^2 = 37 \cdots\cdots$。

因此 28 和 32 是快乐数，而在 37 的计算过程中，37 重复出现，继续计算的结果只会是上述数字的循环，不会出现 1，因此 37 不是快乐数。

不是快乐数的数称为不快乐数（Unhappy Uumber），所有不快乐数的数位平方和计算，最后都会进入 $4 \rightarrow 16 \rightarrow 37 \rightarrow 58 \rightarrow 89 \rightarrow 145 \rightarrow 42 \rightarrow 20 \rightarrow 4$ 的循环中。

在十进制下，100 以内的快乐数有：

1，7，10，13，19，23，28，31，32，44，49，68，70，79，82，86，91，94，97，100。

【练习二】编写递归函数，生成帕斯卡（Pascal）三角形中的数。反复调用该递归函数，可得到一个 n 行的 Pascal 三角形。

【提示】Pascal 三角形在中国也称为杨辉三角形，其样式为：

```
1
1   1
1   2   1
1   3   3   1
1   4   6   4   1
1   5   10  10  5   1
························
```

4. 扩展练习

【练习】Sierpinski 三角形是一种分形图形，它是递归构造的。最常见的构造方法如图 10-10 所示。

图 10-10　Sierpinski 三角形

它是把一个三角形分成四等份，挖掉中间那一份，然后继续对另外三个三角形进行这样的操作，并且无限地递归下去。每一次迭代后整个图形的面积都会减小到原来的 3/4，因此最终得到的图形面积显然为0。

【问题】编程，生成一个 Sierpinski 分形模型。

【提示】Sierpinski 三角形模型能够通过 Pascal 三角形生成。在图 10–11a 所示 Pascal 三角形中，每一个奇数位置输出 '＊'，每一个偶数位置上输出空格。就生成了 Sierpinski 三角形，如图 10–11b 所示。

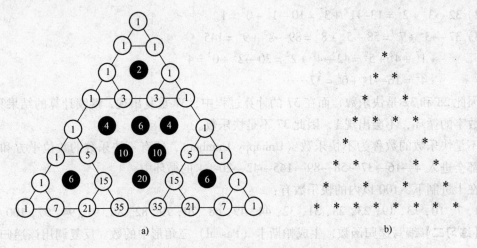

图 10–11　Sierpinski 分形模型

a）Pascal 三角形　b）Sierpinski 三角形

下篇 课程设计篇

第11章 课程设计

课程设计的目的是针对数据结构中的重点和难点内容进行训练，要求学生独立完成具有一定工作量的程序设计任务。进一步培养学生分析、解决问题的能力；提高算法设计、程序调试的技能；同时强调培养协同工作的能力以及文档编写的能力。

11.1 课程设计指南

11.1.1 课程设计须知

1. 课程设计的形式

1）以分组的形式完成任务。自由分组，每组2人，选定组长，由组长组织任务实施。

2）每组完成3个及以上题目。

3）课余时间完成源程序和课程设计报告等文档的书写，上机时间进行调试。

4）上机时携带源程序、数据结构教材、学习指导书、高级程序设计语言参考手册。

2. 学生应提交的资料

1）纸质的课程设计报告1份。

2）课程设计总结1份，纸质文档（500~1000字）。

3）源程序代码（电子文档）。

4）将源程序、课程设计报告、课程设计总结的电子文档按规定的命名方式和格式提交。

3. 考核办法

通过程序实现、总结报告和答辩进行考评。对学生的学习能力、动手能力、独立分析问题能力、协作能力和创新能力进行综合评估。成绩分优、良、中、及格和不及格五等。

考核标准包括：

1）算法思想的正确性，包括是否采用了合适的数据存储结构等。 （30%）

2）程序实现的正确性，包括程序整体结构是否合理、编程风格是否规范等。

（20%）

3）答辩情况。 （15%）

4）学生的工作态度、学习能力、协作能力等其他能力。 （15%）

5）课程设计报告（含课程设计心得）。 （20%）

11.1.2　课程设计报告

课程设计报告是对课程设计的总结，需包含下列内容：

1）对自己此次课程设计进行概述（包括该次课程设计自己所做的题目，所用的编程工具等）。

2）每个课程设计题目完成总结。总结内容包括：问题描述；需求分析（基本要求）；设计（类图及其说明）；所用数据结构及存储结构；算法思想（关键函数的流程图）；实现（源程序清单及注释）；程序调试分析；运行结果分析。

3）参考文献（至少三项）。

课程设计报告范文见附录C。

11.2　课程设计题目

11.2.1　一元稀疏多项式计算器

【题目类别】

基本数据结构类。

【关键词】

线性表，单链表，头结点，一元稀疏多项式。

【问题描述】

设计一个一元稀疏多项式简单计算器（算法程序请见附录A）。其基本功能包括：

1）输入并建立多项式。

2）输出多项式，输出形式为整数序列：$n, c_1, e_1, c_2, e_2, \cdots, c_n, e_n$，其中 n 是多项式的项数，c_i、e_i 分别是第 i 项的系数和指数，序列按指数降序排序。

3）实现多项式 a 和 b 相加，建立多项式 a + b。

4）实现多项式 a 和 b 相减，建立多项式 a–b。

5）计算多项式在 x 处的值。

6）计算器的仿真界面（选做）。

【测试数据】

1）$(2x + 5x^8 - 3.1x^{11}) + (7 - 5x^8 + 11x^9) = (-3.1x^{11} + 11x^9 + 2x + 7)$。

2）$(6x^{-3} - x + 4.4x^2 - 1.2x^9) - (-6x^{-3} + 5.4x^2 - x^2 + 7.8x^{15}) = (-7.8x^{15} - 1.2x^9 - x + 12x^{-3})$。

3）$(1 + x + x^2 + x^3 + x^4 + x^5) + (-x^3 - x^4) = (x^5 + x^2 + x + 1)$。

4）$(x + x^3) + (-x - x^3) = 0$。

5）$(x + x^2 + x^3) + 0 = (x^3 + x^2 + x)$。

【提示】

可用带头结点的单链表存储多项式。

11.2.2 成绩分析问题

【题目类别】

基本数据结构类，排序算法类，查找算法类。

【关键词】

线性表，单链表，排序，查找。

【问题描述】

设计并实现一个成绩分析系统，能够实现录入、保存一个班级学生多门课程的成绩，并对成绩进行分析等功能。具体要求如下：

1）定义一个菜单，方便用户实现下述操作。要求菜单简洁、易操作、界面美观。

2）建立磁盘文件 input. dat，用于保存学生及其成绩信息。详细内容参见表 11-1。

3）读取磁盘文件 input. dat 中的数据，并进行处理。要求实现如下功能：

- 按各门课程成绩排序，将排序的结果保存到磁盘文件中。
- 计算每人的平均成绩，按平均成绩排序，将排序的结果保存到磁盘文件中。
- 能够统计各门课程的平均成绩、最高分、最低分、不及格人数、60~69分人数、70~79分人数、80~89分人数、90分以上人数。
- 根据学生姓名或学号查询其各门课成绩，需考虑重名情况的处理。

【测试数据】

测试数据格式如表 11-1 所示。

表 11-1 成绩表

学　号	姓　名	数　学	英　语	计　算　机
001	王放	78	77	90
002	张强	89	67	88
003	李浩	56	66	78
004	黄鹂兵	89	86	85
005	李浩	67	88	76
006	陈利凤	45	54	67
007	尚晓	78	76	70

11.2.3 简单个人图书管理系统的设计与实现

【题目类别】

基本数据结构类，排序类，查找类。

【关键词】

线性表，单链表，排序，查询。

【问题描述】

学生在自己的学习和生活中会拥有很多书籍，对所购买的书籍进行分类和统计是一个良好的习惯，可以便于对这些知识资料的整理和查询使用。如果用文件来存储相关书籍的各种信息，包括分类、购买日期、价格、简介等，然后通过程序来使用这些存储好的书籍信息，对其进行统计和查询，将使书籍管理工作变得更加轻松而有趣。这就是简单个人书籍管理系统的开发目的。

该系统具备如下的功能：

1）定义一个菜单，方便用户实现下述操作。要求菜单简洁、易操作、界面美观。

2）能用磁盘文件存储书籍的各种相关信息，并能实现对磁盘文件信息的读取。

3）实现图书信息的添加、修改、删除操作。

4）提供查询功能，可按多种关键字查找需要的书籍，而且在查找成功后可以修改书籍记录的相关项。

5）提供排序功能，可按照多种关键字对书籍进行排序，例如按照价格进行排序。

【提示】

由于书籍的册数较多，且数量不确定，因此本题可用链表来记录图书信息。假设建立了图书链表 books，后继描述将针对 books 进行。为使程序未运行时仍然保持里面的数据，所以应将数据保存到外存储器的文件中。需要操作时，将数据从文件中调入内存来进行处理。

11.2.4 航班订票系统的设计与实现

【题目类别】

基本数据结构类，排序类，查找类。

【关键词】

线性表，单链表，排序，查询。

【问题描述】

该系统具备如下的功能：

1）定义一个主菜单，方便用户实现下述操作。要求菜单简洁、易操作、界面美观。

2）可以录入航班信息。要求数据存储在一个数据文件中，其数据构成以及具体的数据信息请结合实际情况进行自定义。

3）修改航班信息。当航班信息改变时，可以修改航班信息。

4）存盘和导入。所有航班信息可保存到磁盘文件，也可在需要的时候从磁盘文件导入到内存。

5）可以查询某条航线的情况。例如，输入航班号，查询起降时间，起飞抵达城市，航班票价，票价折扣，确定航班是否满仓。

6）提供各种查询功能。例如，按起飞（抵达）城市查询、按航空公司查询、按票价折扣查询等。

7）可以订票。如果该航班已经无票，可以提供相关可选择航班。

8）可以退票。退票后修改相关数据文件。

9）客户资料包括：姓名，证件号，订票数量及航班情况，客户资料需以文件保存，并可实现文件导入。

10）订单要有编号，订单需以文件保存，并可实现文件导入。

11）提供客户资料查询功能，提供订单查询功能。

【提示】

由于问题中的数据数量未知，本题建议采用链式存储结构。在设计数据结构时，应对实际航班订票系统的工作流程进行一定的调研。数据结构的设计应充分、合理。

11.2.5 模拟浏览器操作程序

【题目类别】

基本数据结构类。

【关键词】

栈，先进后出，队列，先进先出。

【问题描述】

标准 Web 浏览器具有在最近访问的网页间后退和前进的功能。实现这些功能的一个方法是使用两个栈分别追踪后退和前进能够到达的网页。在本题中，要求模拟实现这一功能。需要支持以下指令。

BACK：将当前页推到"前进栈"的顶部。取出"后退栈"中顶端的页面，使它成为当前页。若"后退栈"是空的，忽略该命令。

FORWARD：将当前页推到"后退栈"的顶部。取出"前进栈"中顶部的页面，使它成为当前页。如果"前进栈"是空的，忽略该命令。

VISIT < url >：将当前页推到"后退栈"的顶部。使 URL 特指当前页。清空"前进栈"。

QUIT：退出浏览器。

假设浏览器首先加载的网页 URL 是：http://www.acm.org/。

【测试数据】

本题的输入是一系列命令，命令中的关键字包括：BACK，FORWARD，VISIT 和 QUIT，要求全部是大写字母。URL 中没有空格，最多 70 个字符。

针对所有测试数据，任何时候在每个栈中的元素都不超过 100 个。

QUIT 命令表示输入结束。

除了 QUIT 命令外，若某一命令没有被忽略掉，则在命令执行后输出当前页的 URL，否则输出"Ignored"。对每个输入命令，产生相应的输出。QUIT 命令不产生任何输出。

以下是一组测试案例，包括输入数据及相应的输出结果。

【测试输入】

```
VISIT http://acm. ashland. edu/
VISIT http://acm. baylor. edu/acmicpc/
BACK
BACK
BACK
FORWARD
VISIT http://www. ibm. com/
BACK
BACK
FORWARD
```

【测试输出】

> http://acm. ashland. edu/
>
> http://acm. baylor. edu/acmicpc/
>
> http://acm. ashland. edu/
>
> http://www. acm. org/
>
> Ignored
>
> http://acm. ashland. edu/
>
> http://www. ibm. com/
>
> http://acm. ashland. edu/
>
> http://www. acm. org/
>
> http://acm. ashland. edu/
>
> http://www. ibm. com/
>
> Ignored

11.2.6 停车场模拟管理程序

【题目类别】

基本数据结构类。

【关键词】

栈，先进后出，队列，先进先出。

【问题描述】

设停车场只有一个可停放几辆汽车的狭长通道，且只有一个大门可供汽车进出，汽车在停车场内按车辆到达的先后顺序，从北向南依次排列（大门在南端，最先到达的车辆停在最北端）。若停车场内已停满汽车，则后来的汽车只能在门外的便道上等候。一旦停车场内有车开走，则排在便道上的第一辆车即可进入；当停车场内某辆车要离开时，由于停车场是狭长的通道，在它之后开入的车辆必须先退出车场为它让路，待该车辆开出大门，为它让路的车辆再按原次序进入车场。

在这里假设汽车不能从便道上开走。如图 11-1 所示。

试设计一个停车场模拟管理程序。要求实现如下操作：

1）定义一个主菜单，方便用户实现下述操作。要求菜单简洁、易操作、界面美观。

2）根据车辆到达停车场和离开停车场时所停留的时间进行计时收费。

3）按问题的描述，对车辆的进入和离开进行调度。当有车辆离开时，等待的车辆按顺序进入停车场

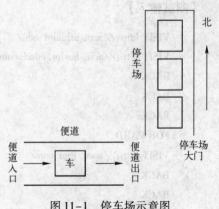

图 11-1　停车场示意图

停放。

4）可以显示停车场信息和便道的信息。

【提示】

1）为了便于区分每辆汽车并了解每辆车当前所处的位置，需要记录汽车的牌照号码和汽车的当前状态，所以为汽车定义类型 CAR，参考的定义如下。

```
class Car{
    String license_plate;      //汽车牌照号码,定义为一个字符指针类型
    char state;                //汽车的当前状态,可用字符 s 表示停放在停车位上
                               //可用字符 p 表示停放在便道上,每辆车的初始状态用字符 i 表示
}
```

2）由于停车位是一个狭长的通道，不允许两辆车同时进入停车位，当有车要进入停车位时，要顺次停放；当某辆车要离开时，比它后到的车要先暂时离开停车位，而且越后到的车就越先离开停车位，显然这和栈的"后进先出"特点相吻合，所以可以使用一个栈来描述停车位。

3）由于停车位只能停放有限的几辆车，为便于停车场管理，要为每个车位分配一个固定的编号，不妨设为 1、2、3、4、5（可利用数组的下标），分别表示停车位的 1 车位、2车位、3 车位、4 车位、5 车位，因此使用顺序栈比较方便描述，参考定义如下。

```
class Stopping{
    Car[] stop;                //各汽车信息的存储空间
    int top;                   //用来指示栈顶位置的静态指针
}
```

4）当停车位都已停满汽车，又有新的汽车到来时，则要把它调度到便道上。便道上的车辆要按照进入便道的先后顺序依次排放，为便道的每个位置也分配一个编号。当有车从停车位上离开，便道上的第一辆汽车就立即进入停车位上的某个车位。由于问题描述中限制了汽车不能从便道上开走，因此，便道上的汽车只能在停车位上停放过之后才能开走，这样越早进入便道的汽车就越早进入停车位，即每次进入停车位的都是便道最前面的汽车。显然，这和队列的"先进先出"特点相吻合。可使用一个顺序队来描述便道，参考定义如下。

```
class Pavement{
    CAR[] pave;                //各汽车信息的存储空间
    int front,rear;            //用来指示队头和队尾位置的静态指针
}
```

5）当某辆车要离开停车场的时候，比它后进停车位的车要为它让路，且当它离开后，让路的车还要按照原来的停放次序再次进入停车位，为完成这项功能，可再定义一个辅助栈，停车位中让路的车依次"压入"辅助栈，待某车开走后，再从辅助栈中依次"弹出"到停车位中。辅助栈也可采用顺序栈，参考具体定义如下。

```
class Buffer{
```

```
        CAR[ ] buffer;                    //各汽车信息的存储空间
        int top;                          //用来指示栈顶位置的静态指针
    }
```

【功能（函数）设计】

本程序总体可分为 4 个功能模块，分别为：程序功能介绍和操作提示模块、汽车进入停车位的管理模块、汽车离开停车位的管理模块、查看停车场状态的查询模块。

具体描述如下：

- 程序功能介绍与操作提示模块。此模块给出程序欢迎信息，介绍本程序的功能，并给出程序功能所对应的键盘操作的提示。
- 汽车进入停车位的管理模块。此模块用于登记停车场的汽车的车牌号和对该车的调度过程，并修改该车的状态，其中调度过程要以屏幕信息的形式反馈给用户，用于指导用户对车辆的调度。例如，当前停车位上 1、2、3 车位分别停放着牌照为 JF001、JF002、JF003 的汽车，便道上无汽车，当牌照为 JF004 的汽车到来后，屏幕应给出如下提示信息。

    牌照为 JF004 的汽车进入停车位的 4 号车位！
    按〈Enter〉键继续程序的运行。

- 汽车离开停车位的管理模块。此模块用于对要离开的车辆做调度，并修改相关车辆的状态，其中调度过程要以屏幕信息的形式反馈给用户。当有车离开停车场后，应立刻检查便道上是否有车，如果有车的话应立即让便道上的第一辆车进入停车位。例如，当前停车位上 1、2、3、4、5 车位分别停放着牌照为 JF001、JF002、JF003、JF004、JF005 的汽车，便道上的 1、2 位置分别停放着牌照为 JF006、JF007 的汽车，当接收到 JF003 要离开的信息时，屏幕应给出如下提示信息。

    牌照为 JF005 的汽车暂时退出停车位；
    牌照为 JF004 的汽车暂时退出停车位；
    牌照为 JF003 的汽车从停车场开走；
    牌照为 JF004 的汽车停回停车位的 3 车位；
    牌照为 JF005 的汽车停回停车位的 4 车位；
    牌照为 JF006 的汽车从便道上进入停车位的 5 车位；
    按〈Enter〉键继续程序的运行。

- 查看停车场状态的查询模块。此模块用于显示停车位和便道上停车的状态。例如，当前停车位上 1、2、3、4、5 车位分别停放着牌照为 JF001、JF002、JF003、JF004、JF005 的汽车，便道上的 1、2 位置分别停放着牌照为 JF006、JF007 的汽车，当接受到查看指令后，屏幕上应给出如下提示信息。

    停车位的情况：
    1 车位——JF001；
    2 车位——JF002；
    3 车位——JF003；
    4 车位——JF004；

116

5 车位——JF005；

便道上的情况：

1 位置——JF006；

2 位置——JF007；

按〈Enter〉键继续程序的运行。

【界面设计】

本程序的界面力求简洁、友好，每一步需要用户操作的提示，每一次用户操作产生的调度结果都应准确、清晰地显示在屏幕上，使用时对要做什么和已经做了什么一目了然。

11.2.7　哈夫曼编/译码器

【题目类别】

基本数据结构类，贪心算法类。

【关键词】

二叉树，哈夫曼树，哈夫曼编码，信息通信，二叉树的遍历，贪心算法。

【问题描述】

利用哈夫曼编码进行信息通信可以大大提高信道利用率，缩短信息传输时间，降低传输成本。但是，这要求在发送端通过一个编码系统对待传数据预先编码；在接收端将传来的数据进行译码（复原）。对于双工信道（即可以双向传输信息的信道），每端都需要一个完整的编/译码系统。试为这样的信息收发站编写一个哈夫曼码的编译码系统。该系统应具有以下功能。

1）I：初始化（Initialization）。从终端读入字符集大小 n，以及 n 个字符和 m 个权值，建立哈夫曼树，并将其保存于磁盘 huffman 文件中。

2）C：编码（Coding）。利用已建好的哈夫曼树（如不在内存，则从已保存的 huffman 文件中读入），对发送电文（读取自文件 tobetrans.dat）进行编码，然后将结果保存于磁盘文件 codefile 中。

3）D：解码（Decoding）。利用已建好的哈夫曼树，对文件 codefile 中的代码进行译码，结果存入文件 textfile 中。

4）P：打印代码文件（Print）。将文件 codefile 显示在终端上，每行 50 个代码。同时将此字符形式的编码文件写入文件 codeprint 中。

5）T：打印哈夫曼树（Tree Printing）。将已在内存中的哈夫曼树以直观的方式（树或凹入表形式）显示在终端上，同时将此字符形式的哈夫曼树写入文件 treeprint 中。

【提示】

（1）哈夫曼编码

在初始化1）时，用输入的字符和权值建立哈夫曼树并求得哈夫曼编码。哈夫曼树可用一个结构数组来存放。哈夫曼编码可利用一个二维字符数组存放。

（2）打印哈夫曼树

由于哈夫曼树也是二叉树，因此，可用二叉树的先序遍历算法将哈夫曼树打印输出。

【测试数据】

在 tobetrans.dat 中输入"THIS PROGRAM IS MY FAVORITE"，字符集和其频度如表 11-2 所示。

表 11-2　字符集频度表

字符	_ _	A	B	C	D	E	F	G	H	I	J	K	L	M
频度	186	64	23	22	32	103	21	15	47	57	1	5	32	20
字符	N	O	P	Q	R	S	T	U	V	W	X	Y	Z	
频度	20	56	19	2	50	51	55	30	10	11	2	21	2	

11.2.8　二叉排序树与平衡二叉树的实现

【题目类别】

基本数据结构类，搜索算法类。

【关键词】

二叉树，二叉排序树，二叉链表，二叉树的顺序存储，平衡二叉树，递归。

【问题描述】

假定本题所处理数据均为整型。分别采用二叉链表和顺序表作存储结构，实现对二叉排序树与平衡二叉树的操作。具体要求如下。

（1）用二叉链表作存储结构

1）读入一个整数序列 L（要求该整数序列从磁盘文件读取），生成一棵二叉排序树 T。

2）对二叉排序树 T 作中序遍历，输出结果。

3）计算二叉排序树 T 查找成功的平均查找长度，输出结果。

4）输入元素 x，查找二叉排序树 T。若存在含 x 的结点，则删除该结点，并作中序遍历（执行操作 2））；否则输出信息"无 x"。

5）用数列 L，生成一棵平衡的二叉排序树 BT。如果当插入新元素之后，发现当前的二叉排序树 BT 不是平衡的二叉排序树，则将它转换成平衡的二叉排序树 BT。

6）计算平衡的二叉排序树 BT 的平均查找长度，输出结果。

（2）用顺序表作存储结构

1）读入一个整数序列 L（要求该整数序列从磁盘文件读取），生成一棵二叉排序树 T。

2）对二叉排序树 T 作中序遍历，输出结果。

3）计算二叉排序树 T 查找成功的平均查找长度，输出结果。

4）输入元素 x，查找二叉排序树 T。若存在含 x 的结点，则删除该结点，并作中序遍历（执行操作 2））；否则输出信息"无 x"。

11.2.9　日期游戏

【题目类别】

基本数据结构类，搜索算法类。

【关键词】

深度优先搜索，递归，二叉树广度遍历，队列。

【问题描述】

亚当与夏娃参加今年的 ACM 国际大学生程序设计竞赛。昨晚他们玩了一个日历游戏庆祝比赛。游戏的日期是从 1900 年 1 月 1 日至 2001 年 11 月 4 日的所有日期。游戏开始时，首先从这个范围内随机挑选一个日期，亚当先行，然后他们两个轮流玩。游戏只有一个简单规则：玩家把当前日期变成第二天或者下个月的同一天，如果下个月没有与之相同的日期，玩家只能将当前日期变为第二天。例如，从 1924 年 12 月 19 日，可以把它变成 1924 年 12 月 20 日（第二天），或者 1925 年 1 月 19 日（下个月的同一天）。不过 2001 年 1 月 31 日，只能变成 2001 年 2 月 1 日，因为 2001 年 2 月 31 日是无效的。

当一个玩家首先把日期变成 2001 年 11 月 4 日时，他/她就赢了。如果一个玩家将日期变过头（即 2001 年 11 月 4 日以后），他/她就输了。

编写程序，给定初始日期，试确定亚当先行时，是否有机会赢得比赛。

【提示】

对于这个游戏，需要注意闰年，2 月份有 29 天。公历中，闰年正好发生在可以被 4 整除的年份中。所以 1993 年、1994 年和 1995 年不是闰年，而 1992 年和 1996 年是闰年。另外，以 00 结尾且能被 400 整除的年份也是闰年，即 1700 年、1800 年、1900 年、2100 年、2200 年不是闰年，而 1600 年、2000 年和 2400 年是闰年。

注意初始日期是从 1900 年 1 月 1 日至 2001 年 11 月 4 日之间随机挑选的。

【测试数据】

如下有若干个测试案例。每个测试输入一行，代表初始日期。每个测试输出一行，分别是"YES"或"NO"，是指比赛时亚当能否战胜夏娃。

【测试输入】

2001 11 3

2001 11 2

2001 10 3

【测试输出】

YES

NO

NO

11.2.10 图的基本操作与实现

【题目类别】

基本数据结构类，搜索算法类。

【关键词】

图，有向带权网络，DFS，BFS，连通图，最小生成树。

【问题描述】

要求用邻接表存储结构，实现对图 11-2 所示的有向带权网络 G 的操作。

1）输入 n（1≤n≤100）个顶点（用字符表示顶点）和 e 条边。

2）求每个顶点的出度和入度，输出结果。

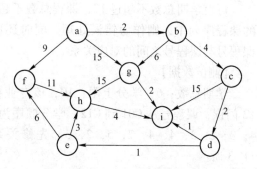

图 11-2　一个有向带权网络

3）指定任意顶点 x 为初始顶点，对图 G 作 DFS 遍历，输出 DFS 顶点序列。

4）指定任意顶点 x 为初始顶点，对图 G 作 BFS 遍历，输出 BFS 顶点序列。

5）输入顶点 x，查找图 G。若存在含 x 的顶点，则删除该结点及与之相关联的边，并作 DFS 遍历；否则输出信息"无 x"。

6）判断图 G 是否是连通图，输出信息"YES"/"NO"。

7）根据图 G 的邻接表创建图 G 的邻接矩阵，即复制图 G。

8）找出该图的一棵最小生成树。

【提示】

图 11-2 是一个测试图例。在对图进行遍历时，若图非连通，那么一次遍历就不能访问到图中所有的顶点，需要在一次遍历后重新选择起点，继续进行下一次遍历，直到图中所有顶点均被访问到为止。由此也可以得到图是否连通的结论。

11.2.11 教学计划编制问题

【题目类别】

基本数据结构类。

【关键词】

图，有向无环图，拓扑排序，教学计划。

【问题描述】

大学的每个专业都要制订教学计划。假设任何专业都有固定的学习年限，每学年含两学期，每学期的时间长度和学分上限值均相等。每个专业开设的课程都是确定的，而且课程开设时间的安排必须满足先修关系。每门课程有哪些先修课程是确定的，可以有任意多门，也可以没有。每门课恰好占一个学期。试在这样的前提下设计一个教学计划编制程序。具体要求如下：

1）输入参数。学期总数，一学期的学分上限，每门课的课程号（固定占 3 位的字母数字串）、学分和直接先修课的课程号。

2）允许用户指定下列两种编排策略之一。一是使学生在各学期中的学习负担尽量均匀；二是使课程尽可能地集中在前几个学期中。

3）若根据给定的条件问题无解，则提示用户无解；否则将教学计划输出到用户指定的文件中。计划的表格格式自行设计。

【提示】

可设学期总数不超过 12，课程总数不超过 100。如果输入的先修课程号不在该专业开设的课程序列中，则作为错误处理。同时还应建立课程号与课程号之间的对应关系。

【测试数据】

学期总数：6；学分上限：10；该专业共开设 12 门课，课程号从 C01 到 C12，学分顺序为 2，3，4，3，2，3，4，4，7，5，2，3。先修关系如图 11-3 所示。

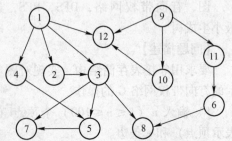

图 11-3　课程先修关系图

11.2.12 全国交通咨询模拟

【题目类别】

基本数据结构类，贪心算法类，搜索算法类。

【关键词】

图，最小生成树，PRIM，贪心算法。

【问题描述】

不同目的的旅客对交通工具有不同的要求。例如，因公出差的旅客希望在旅途中的时间尽可能地短，出门旅游的游客期望旅费尽可能省，而老年旅客则要求中转次数最少。本题目要求编制一个全国城市的交通咨询程序，为旅客提供两种或三种最优决策的交通咨询。具体要求如下：

1）提供对城市信息进行编辑（如添加或删除）的功能。

2）城市之间的交通工具是火车。提供对列车时刻表的管理功能（增加、删除、查询、修改）。

3）提供两种最优决策：最快到达和最省钱到达。

4）旅途中耗费的总时间应该包括中转站的等候时间。

5）咨询以用户和计算机的对话方式进行。由用户输入起始站、终点站、最优决策原则，输出信息：最快需要多长时间才能到达或者最少需要多少旅费才能到达，并详细说明依次于何时乘坐哪一趟列车到何地。

6）旅途中转次数最少的最优决策。

测试案例如图 11-4 所示。

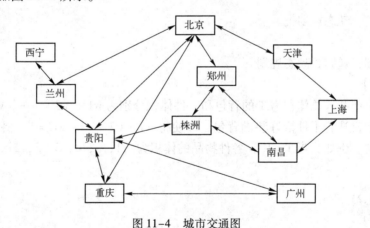

图 11-4   城市交通图

【提示】

1）对全国城市交通图和列车时刻表进行编辑，应该提供文件形式输入和键盘输入两种方式。列车时刻信息应包括：起始站的出发时间、终点站的到达时间和票价。例如，从北京到上海的火车，需给出北京至天津、天津至上海等各段的出发时间、到达时间及票价等信息。

2）以邻接表作交通图的存储结构，表示边的结构内除含有邻接点的信息外，还应包括某段路程耗费的时间、费用、出发时间、到达时间等多种属性。

11.2.13　内部排序算法的性能分析

【题目类别】

排序类。

【关键词】

内部排序算法，比较次数，移动次数，时间复杂度，空间复杂度。

【问题描述】

设计一个测试程序，对各种内部排序算法的关键字比较次数和移动次数进行比较，以取得直观的感受。具体要求如下：

1) 对直接插入排序，折半插入排序，二路归并排序，希尔排序，冒泡排序，快速排序，简单选择排序，堆排序，归并排序算法进行研究和比较。

2) 待排序数据为整型，读取自磁盘文件，数据量不小于 50 000 个整数。要求每种排序算法至少用 5 组不同数据进行测试。每组数据表长不同。对排序结果进行评价。

3) 评价排序的指标。在表长相同的情况下，各种排序算法的关键字比较次数、关键字移动次数（关键字交换记为 3 次移动）、排序时间、排序算法的稳定性；当改变表长时，各种排序算法的性能变化情况。

4) 以表格的形式输出评价的结果，以便对各种排序算法的性能有更加直观的感受。

11.2.14　背包问题的求解

【题目类别】

搜索算法类，动态规划类。

【关键词】

搜索，回溯，递归，动态规划。

【问题描述】

假设有一个能装入总体积为 T 的背包和 n 件体积分别为 w1，w2，…，wn 的物品，能否从 n 件物品中挑选若干件恰好装满背包，即使得 w1 + w2 + … + wn = T，要求找出所有满足上述条件的解。例如，当 T = 10，各件物品的体积为 {1，8，4，3，5，2} 时，可找到下列 4 组解：

(1,4,3,2)

(1,4,5)

(8,2)

(3,5,2)

【提示】

可利用回溯法的设计思想来解决背包问题。首先将物品排成一列，然后顺序选取物品装入背包，假设已选取了前 i 件物品之后背包还没有装满，则继续选取第 i + 1 件物品，若该件物品"太大"不能装入，则弃之而继续选取下一件，直至背包装满为止。但如果在剩余的物品中找不到合适的物品以填满背包，则说明"刚刚"装入背包的那件物品"不合适"，应将它取出"弃之一边"，继续再从"它之后"的物品中选取，如此重复，直至求得满足条件的解，或者无解。

由于回溯求解的规则是"后进先出"，自然要用到栈。

11.2.15　简易电子表格的设计

【题目类别】

串的综合应用类。

【关键词】

串，字符串，复制，排序。

【问题描述】

设计一个支持基本计算统计功能和其他一些表格管理/处理功能的软件，使用户可在该软件的支持下，用交互方式进行表格建立、数据输入、数据编辑及其他一些表格操作。具体要求如下：

1）建立表格。建立空白表格，同时在屏幕上显示，使其处于可输入数据状态。

2）输入数据与编辑数据。通过键盘将数据输入到显示在屏幕上的电子表格中，同时要支持基本的数据输入编辑功能。

3）基本统计计算。统计计算的种类包括：合计、求平均、求最大/小统计计算方式；表格按行/列统计计算；表格按块统计计算。

4）排序。使任一行/列中的数据按大小（升或降）排列，对字符串型数据，还要可选大小写敏感。

5）表格保存。使电子表格存储在磁盘上（磁盘文件），并可随时读入，供继续处理。

6）数据复制。将表格中任一块数据，复制到另一块中。复制到目标块时，对目标块中原内容，可选择下列几种处理方式：代替、相加、相减、按条件替换。

7）公式支持。单元格内可输入公式（表达式），使对应单元格的最终内容为公式的计算结果。公式最基本的形式是算术计算公式。公式中可以按名引用其他单元格。

11.2.16　电话号码查询系统

【题目类别】

基本数据结构类，查找算法类。

【关键词】

散列，查询，冲突，平均查找长度。

【问题描述】

设计散列表实现电话号码查找系统。设电话号码簿长度为 n（$0 \leqslant n \leqslant 1000$），具体要求如下：

1）设每个记录包含下列数据项：用户名、地址、电话号码。

2）从键盘输入各记录，自选散列函数，分别以电话号码和用户名为关键字建立散列表。

3）采用一定的方法解决冲突。

4）查找并显示给定电话号码的记录。

5）查找并显示给定用户名的记录。

6）设计不同的散列函数（至少2种），观察不同的散列函数在不同数据量下的冲突率，并进行比较。

7）在散列函数确定的前提下，尝试各种不同类型（至少2种）处理冲突的方法，用统计的方法观察平均查找长度的变化。

11.2.17　迷宫问题

【题目类别】

搜索算法类。

【关键词】

迷宫，深度搜索，广度搜索，回溯，栈，队列，递归。

【问题描述】

以一个 m * n（$1 \leqslant m$，$n \leqslant 100$）的长方阵表示迷宫，0 和 1 分别表示迷宫中的通路和障碍。设计一个程序，对任意设定的迷宫，求出一条从入口到出口的通路，或得出没有通路的结论。具体要求如下：

1）找出迷宫中的一条通路。求得的通路以三元组（i，j，d）的形式输出，其中，（i，j）表示迷宫中的一个坐标，d 表示走到下一坐标的方向。若迷宫中没有通路，则输出"无解"。

2）找出迷宫中所有可能的通路。

3）如果有通路，找出最短通路。

4）以方阵形式输出迷宫及其通路。

【提示】

在迷宫中进行路径搜索时，可采用深度优先搜索或广度优先搜索的策略。

深度优先搜索需借助栈结构，即从入口出发，顺着某一个方向进行探索，若能走通，则继续往前进；否则沿着原路退回，换一个方向继续探索，直至出口位置，求得一条通路。假如所有可能的通路都探索到而未能到达出口，则所设定的迷宫没有通路。

广度优先策略则需借助队列结构。广度优先搜索适合找出从入口到出口的最短路径。

可以以二维数组存储迷宫数据，通常设定入口点的坐标为（1，1），出口点的坐标为（m，n）。为处理方便起见，可在迷宫的四周加一圈障碍。对于迷宫中任一位置，均可约定有东、南、西、北四个方向可通。

【测试数据】

迷宫的测试数据如图 11-5 所示：左上角（1，1）为入口，右下角（9，8）为出口。

11.2.18　八皇后问题

【题目类别】

搜索算法类。

【关键词】

国际象棋，深度搜索，广度搜索，回溯，栈，队列，穷举，递归。

【问题描述】

	1	2	3	4	5	6	7	8
1	0	0	1	0	0	0	1	0
2	0	0	1	0	0	0	1	0
3	0	0	0	0	1	0	1	1
4	0	1	1	1	0	0	1	0
5	0	0	0	1	0	0	0	0
6	0	1	0	0	0	1	0	1
7	0	1	1	1	1	0	0	0
8	0	1	0	0	0	1	0	1
9	1	1	0	0	0	0	0	0

图 11-5　迷宫测试数据

八皇后问题是一个古老而著名的问题，它是回溯算法的典型例题。该问题是德国著名数学家高斯于 1850 年提出的：在 8 行 8 列的国际象棋棋盘上摆放着八个皇后。若两个皇后位于同一行、同一列或同一对角线上，则称它们为互相攻击。在国际象棋中皇后是最强大的棋子，因为它的攻击范围最大，图 11-6a 显示了一个皇后的攻击范围，图 11-6b 显示八个皇后互不攻击的情况 1，图 11-6c 显示八个皇后互不攻击的情况 2。

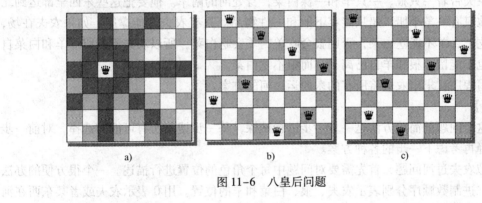

a)　　　　　　　　　b)　　　　　　　　　c)

图 11-6　八皇后问题

本题目的要求是：编程解决八皇后问题。在 8*8 的棋盘上，放置 8 个皇后。要求使这八个皇后不能相互攻击，即每一横行、每一列、每一对角线上均只能放置一个皇后，求出所有可能的方案，输出这些方案，并统计方案总数。

11.2.19　滑雪场问题

【题目类别】

搜索算法类。

【关键词】

深度搜索，回溯，递归，动态规划。

【问题描述】

Michael 喜欢滑雪，为了获得速度，滑的区域必须向下倾斜，而且当滑到坡底，你不得不再次走上坡或者等待升降机来载你上坡。Michael 想知道在一个区域中最长的滑坡。该区域由一个二维数组给出。数组的每个数字代表点的高度。下面是一个例子：

1	2	3	4	5
16	17	18	19	6
15	24	25	20	7
14	23	22	21	8
13	12	11	10	9

滑雪者可从某个点滑向其上、下、左、右、相邻四个点之一，当且仅当高度减小。在上面的例子中，一条可滑行的滑坡为 24 – 17 – 16 – 1。当然 25 – 24 – 23 – … – 3 – 2 – 1 更长。事实上，这是最长的一条。

要求：以上面滑雪场示例为测试数据，求出滑雪场最长滑道的长度及其线路。

11.2.20　农夫过河问题求解

【题目类别】

搜索算法类。

【关键词】

DFS，BFS。

【问题描述】

一个农夫带着一只狼、一只羊和一棵白菜，身处河的南岸。他要把这些东西全部运到北岸。他面前只有一条小船，船只能容下他和一件物品。只有农夫才能撑船。如果农夫在场，则狼不能吃羊，羊不能吃白菜，否则狼会吃羊，羊会吃白菜，所以农夫不能留下羊和白菜自己离开，也不能留下狼和羊自己离开，而狼不吃白菜。

请编写程序：求出农夫将所有的东西运过河的方案。

【提示】

求解这个问题的简单方法是一步一步进行试探，每一步搜索所有可能的选择，对前一步合适的选择再考虑下一步的各种方案。

要模拟农夫过河问题，首先需要对问题中每个角色的位置进行描述。一个很方便的办法是用 4 位二进制数顺序分别表示农夫、狼、白菜和羊的位置。用 0 表示农夫或者某东西在河的南岸，1 表示在河的北岸。例如整数 5（其二制表示为 0101）表示农夫和白菜在河的南岸，而狼和羊在北岸。

现在问题变成：从初始状态二进制 0000（全部在河的南岸）出发，寻找一种全部由安全状态构成的状态序列，它以二进制 1111（全部到达河的北岸）为最终目标，并且在序列中的每一个状态都可以从前一个状态到达。为避免浪费时间，要求在序列中不出现重复的状态。

实现上述搜索过程可采用两种搜索策略：广度优先搜索，深度优先搜索。

广度优先搜索就是在搜索过程中总是首先搜索下面一步的所有可能状态，再进一步考虑更后面的各种情况。要实现广度优先搜索，可以使用队列。把下一步所有可能的状态都列举出来，放在队列中，再顺序取出来分别进行处理，处理过程中把再下一步的状态放在队列里……，由于队列的操作遵循先进先出的原则，在这个处理过程中，只有在前一步的所有情况都处理完后，才能开始后面一步各种情况的处理。这样，具体算法中就需要一个整数队列 moveTo，它的每个元素表示一个可以安全到达的中间状态。另外还需要一个数据结构记录已被访问过的各个状态，以及已被发现的能够到达当前这个状态的路径。由于在这个问题的解决过程中需要列举的所有状态（二进制 0000 到 1111）一共有 16 种，所以可以构造一个包含 16 个元素的整数顺序表来实现。顺序表的第 i 个元素记录状态 i 是否已被访问过，若已被访问过，则在这个顺序表元素中记入前驱状态值，把这个顺序表叫作 route。route 的每个分量初始值为 −1。route 的一个元素具有非负值，表示这个状态已访问过，或是正被考虑。最后可以利用 route 顺序表元素的值建立起正确的状态路径。

上述即是农夫过河问题的广度优先算法。

在具体应用时，采用链队和顺序队均可。

【功能（函数）设计】

1）确定农夫、狼、羊和白菜位置的功能模块。用整数 locate 表示上述 4 位二进制描述的状态，由于采用 4 位二进制的形式表示农夫、狼、白菜和羊，所以要使用位操作的"与"操作来考察每个角色所在位置的代码是 0 还是 1。函数返回值为真表示所考察的角色在河的北岸，否则在南岸。例如，某个状态和 1000 做"与"操作后所得结果为 0，则说明农夫的位置上的二进制数为 0，即农夫在南岸，如果所得结果为 1，则说明农夫位置上的二进制数为 1，即农夫在北岸。狼、羊和白菜的处理办法以此类推。

2）确定安全状态的功能模块。此功能模块通过位置分布的代码来判断当前状态是否安全。若状态安全则返回 1，状态不安全则返回 0。

3）将各个安全状态还原成提示信息的功能模块。由于程序中 route 表中最终存放的是整型的数据，如果原样输出不利于最终用户理解问题的解决方案，所以要把各个整数按照 4 位二进制数的各个位置上的 0、1 代码所表示的含义输出成容易理解的文字。

【界面设计】

如果能力和时间允许，可以使用动画设计将运送的过程演示出来。一般情况下使用最终的状态表描述出来就可以了。

【测试数据】

使用状态表，程序应在屏幕上得到如表 11-3 所示的结果。

表 11-3　测试结果

步　　骤	状态	
	南岸	北岸
0	农夫 狼 羊 白菜	
1	狼 白菜	农夫 羊
2	狼	农夫 白菜 羊
3	农夫 狼 羊	白菜
4	羊	农夫 狼 白菜
5	农夫 羊	狼 白菜
6		农夫 狼 羊 白菜

11.2.21　木棒加工问题求解

【题目类别】

贪心算法类，排序类，动态规划类。

【关键词】

贪心算法，局部最优解，排序，快速排序算法，最长递增子序列。

【问题描述】

现有 n 根木棒，已知它们的长度和重量，要用一部木工机一根一根地加工这些木棒。该机器在加工过程中需要一定的准备时间，是用于清洗机器、调整工具和模板的。木工机需要的准备时间如下：

1）第一根木棒需要 1 分钟的准备时间。

2）在加工完一根长为 lenth、重为 weight 的木棒之后，接着加工一根长为 lenth'（lenth <=lenth'），重为 weight'（weight <=weight'）的木棒是不需要任何准备时间的。否则需要 1 分钟的准备时间。

本题要求是：

给定 n（1≤n≤5000）根木棒，已知它们的长度和重量，请编写程序：找到加工完所有的木棒所需的最少准备时间，以及加工这些木棒的顺序。

【测试数据】

例如，有长度和重量分别为（4，9）（5，2）（2，1）（3，5）（1，4）的 5 根木棒。

那么，所需准备时间最少为 2 分钟。

加工的顺序为：（1，4）（3，5）（4，9）（2，1）（5，2）。

附　　录

附录A　部分习题参考答案

第1章　绪论参考答案

1.1　基础题

单项选择题

1	2	3	4	5	6	7	8	9	10	11	12①	12②
C	C	D	B	B	C	B	D	A	A	D	A	B

填空题

1.【解答】① 逻辑结构；② 存储结构；③ 操作

2.【解答】① 数据结构；② 算法

3.【解答】① 顺序；② 链式

4.【解答】① 计算机；② 存储结构

5.【解答】① 线性结构；② 树形结构；③ 图形结构

6.【解答】① 所消耗的时间；② 存储空间

7.【解答】① 有穷性；② 确定性

8.【解答】① 确切；② 有穷时间

9.【解答】$n\lceil \log_2 n \rceil$

10.【解答】$\log_3 n$

1.2　综合题

1.【解答】

集合、线性结构、树形结构和图形结构或网状结构，见右图。

2.【解答】

（1）数据结构是相互之间存在一种或多种特定关系的数据元素的集合。

（2）抽象数据类型是指一个数学模型以及定义在该模型上的一组操作。

3.【解答】

抽象数据类型是指一个数据模型以及定义在该模型上的一组操作。程序设计语言中的数据类型，是一个值的集合和定义在这个值集上的一组操作的总称。抽象数据类型可以看成是对数据类型的一种抽象。

集合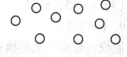

线性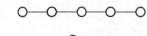

树形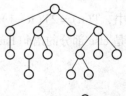

图形

4. 【解答】

它的二元组定义形式为 $B = (D, R)$，其中 $D = \{k_1, k_2, k_3, k_4, k_5, k_6, k_7, k_8, k_9\}$，$R = \{< k_1, k_2 >, < k_1, k_8 >, < k_2, k_3 >, < k_2, k_4 >, < k_2, k_5 >, < k_3, k_9 >, < k_4, k_6 >, < k_4, k_7 >, < k_5, k_6 >, < k_8, k_9 >, < k_9, k_7 > \}$。

5. 【解答】

可读性、健壮性、效率与低存储量需求。

6. 【解答】

算法的时间复杂度是 $\lfloor \log_2 n \rfloor$。

7. 【解答】

(1) $n - 1$

(2) $n - 1$

(3) $n - 1$

(4) $(n + 1) * n/2$

(5) n

(6) $1/6 * n * (n + 1) * (n + 2)$

(7) $\lfloor \sqrt{n} \rfloor$

(8) 1100

8. 【解答】

(1) "$s + +$;" 语句的执行次数为：$1 + 2 + \cdots + n = \dfrac{n(n + 1)}{2}$。

(2) "$x + = 2$;" 语句的执行次数为：$\lfloor \dfrac{n}{2} \rfloor$。

(3) 在 for 循环语句中时间复杂度为 $\dfrac{n(n + 1)}{2}$，在 while 循环语句中时间复杂度为 $\lfloor \dfrac{n}{2} \rfloor$，所以，算法时间复杂度为 $O(n^2)$。

(4) $s = 15$，$x = 4$。

9. 【解答】

假设此算法的语句执行次数为 $T(n)$，则有：

$$T(n) = \begin{cases} 1, & n = 1 \\ 2T(n - 1) + 1, & n > 1 \end{cases}$$

其中，$T(n) = 2T(n - 1) + 1$ 中等式右边的 1 是 else 部分 move(x, n, z) 的执行次数，$2T(n - 1)$ 是 else 部分的语句 hanoi($n - 1, x, z, y$)；和 hanoi($n - 1, y, x, z$)；的执行次数之和，而：

$$\begin{aligned} T(n) &= 2T(n - 1) + 1 \\ &= 2(2T(n - 2) + 1) + 1 \\ &= 2^2 T(n - 2) + 3 \\ &= 2^2 T(n - 2) + 2^2 - 1 \\ &= 2^2 (2T(n - 3) + 1) + 2^2 - 1 \\ &= 2^3 T(n - 3) + 7 \end{aligned}$$

$$= 2^3 T(n-3) + 2^3 - 1$$
$$\cdots$$
$$= 2^{n-1} T(1) + 2^{n-1} - 1$$
$$= 2^n - 1$$
$$= O(2^n)$$

故时间复杂度是 $O(2^n)$。

10. 【解答】

```
static void print_descending(int x, int y, int z) {        //按从大到小顺序输出3个数
        Scanner input = new Scanner(System. in);
        x = input. nextInt();
        y = input. nextInt();
        z = input. nextInt();
        if(x < y) {
            // x < - > y
        }
        if(y < z) {
            // y < - > z
        }
        if(x < y) {
            // x < - > y
        }
        System. out. println(x + " " + y + " " + z);
    }
```

11. 【解答】

分析：将一元多项式做如下改写：

$$P_n(x_0) = a_0 + a_1 x + a_2 x^2 + \cdots + a_n x^n$$
$$= a_{0-} + x(a_1 + a_2 x^1 + \cdots + a_n x^{n-1})$$
$$= \cdots$$
$$= a_0 + x(a_1 + x(a_2 + x(a_3 + \cdots + x(a_{n-1} + a_n x))\cdots))$$

为此，可以按指数递减次序输入各系数，即输入次序为 $a_n, a_{n-1}, \cdots, a_2, a_1, a_0$。
算法如下：

```
double getPolynomialResult(double[ ] a, double x) {                //@0
    //a 是多项式中按指数递减次序存放的各项系数数组
    double result = 0;                                             //@1
    //临时变量，用于减少计算 x 次幂的计算次数
    double powX = 1;                                               //@2
    for(int i = 0; i < a. length; i ++) {                         //@3
        result + = a[i] * powX;                                   //@4
        powX = x;                                                 //@5
    }
```

```
                return result;                                    //@6
            }
```

语句 1～6 的执行次数分别是 1、1、a. length+1、a. length、a. length、1。

算法的设计复杂度为 O（a. length），其中，a. length 也是多项式中的项数。

第2章 线性表参考答案

2.1 基础题

单项选择题

1	2	3	4	5	6	7	8	9	10	11	12	13	14	15
A	A	C	A	C	B	A	B	B	C	C	D	A	D	D

填空题

1.【解答】简化操作，减少边界条件的判断

2.【解答】前驱

3.【解答】①前驱结点；②后继结点

4.【解答】① L. next == null；② L == null;

5.【解答】p. next == null

6.【解答】L. prior == L. next

7.【解答】1

8.【解答】① O (n)；② O (n)

9.【解答】n − i

10.【解答】O (n)

2.2 综合题

1.【解答】

头指针变量和头指针是指向链表中第一个结点（头结点或首结点）的指针；在首结点之前附设一个结点称为头结点；首结点是指链表中存储线性表中第一个数据元素的结点。若单链表中附设头结点，则不管线性表是否为空，头指针均不为空，否则表示空表的链表的头指针为空。

2.【解答】

顺序存储是按索引直接存储数据元素，方便灵活，效率高，但插入、删除操作将引起元素移动，降低了效率；而链式存储的元素存储采用动态分配，利用率高，但需增设表示结点之间有序关系的指针域，存取数据元素不如顺序存储方便，但结点的插入和删除十分简单。顺序存储适用于线性表中元素数量基本稳定，且很少进行插入和删除，但要求以最快的速度存取线性表中的元素的情况；而链式存储适用于频繁进行元素动态插入或删除操作的场合。

3.【解答】

本题的算法思想是：先找到适当的位置，然后后移元素空出一个位置，再将 x 插入。实现本题功能的函数如下：

```
        static < E extends Comparable < E > > void insert( List < E > A,E x) {
```

```
        int i,j;
        int n = A. size( );
        if( x. compareTo( A. get( n - 1 ) ) > = 0 )
            A. set( n,x );                        // 若 x 大于最后的元素,则将其插入到最后
        else{
            i = 0;
            while( x. compareTo( A. get( i ) ) > = 0 )
                i + + ;                          // 查找插入位置 i
            for( j = n - 1;j > = i;j - - )
                A. set( j + 1,A. get( j ) );      // 移出插入 x 的位置
            A. set( i,x );
        }
    }
```

4. 【解答】

当 n 为偶数时,以中线为轴做镜像交换即可实现就地逆置;当 n 为奇数时,以最中间的数据元素为轴做镜像交换,即可实现就地逆置,最中间的数据元素不作交换。整数的整除(/)可取到要交换的数据元素个数。

```
    < E > void   inverse( E[ ] A ){

        int mid,i;
        E x;
        int n = A. length;
        mid = n / 2;
        for( i = 0;i < mid;i + + ){
            x = A[ i ];
            A[ i ] = A[ n - 1 - i ];
            A[ n - 1 - i ] = x;
        }
    }
```

5. 【解答】

本题的算法思想是:从 0 开始扫描线性表 A,以 k 记录下顺序表中不等于 x 的元素个数,将第 k 个不等于 x 的数据元素放置到第 k 个存储位置,最后把顺序表中下标从 k 到 size( ) - 1 的数据元素都删除掉。这种算法比每删除一个元素后立即移动其后元素效率要高一些。实现本题功能的过程如下:

```
    < E extends Comparable < E > >void del( List < E > A,E x ){
        int k = 0;                              // 记录值不等于 x 的数据元素的个数
        for( int i = 0;i < A. size( );i + + ){
            if( ! A. get( i ). equals( x ) ){
                A. set( k + + ,A. get( i ) );
            }
        }
```

```
        for( int i = A. size( ) – 1; i >= k; i – – )      // 删除无用元素
            A. remove( i) ;
    }
```

6. 【解答】

本题的算法思想是：由于线性表中的元素按元素值非递减有序排列，值相同的元素必为相邻的元素，因此依次比较相邻两个元素，若值相等，则删除其中一个，否则继续向后查找，最后返回线性表的新长度。实现本题功能的函数如下：

```
        static int packSList( SqList < Integer > L) {
            int i = 0;
            while( i < L. size( ) – 1) {
                if( L. get( i) ! = L. get( i + 1))   i + + ;         //元素值不相等,继续向下找
                elseL. remove( i + 1) ;                             //删除第 i + 1 个元素
            }
            return L. size( ) ;
        }
```

7. 【解答】

假设 X，Y 和 Z 链表分别具有头结点的指针 x，y 和 z。实现本题功能的函数如下：

```
        < T > LNode < T > link( LNode < T > xHead, LNode < T > yHead) {
            LNode < T > r, s, p, q, zHead;
            zHead = new LNode < T > ( ) ;   //建立一个头结点
            r = zHead;
            p = xHead;
            q = yHead;
            while( p ! = null || q ! = null) {
                if( p ! = null) {              //如果 X 链表还存在可取的结点,则复制一个相同的结点
                                                  链接到 Z 中
                    s = new LNode < T > ( ) ;
                    s. setData( p. getData( )) ;
                    r. setNext( s) ;
                    r = s;
                    p = p. getNext( ) ;
                }
                if( q ! = null) {              //如果 Y 链表还存在可取的结点,则复制一个相同的结点
                                                  链接到 Z 中
                    s = new LNode < T > ( ) ;
                    s. setData( q. getData( )) ;
                    r. setNext( s) ;
                    r = s;
                    q = q. getNext( ) ;
                }
            }
```

```
        r. setNext( null) ;
        s = zHead;
        zHead = zHead. getNext( ) ;         //删除头结点
        s. setNext( null) ;
        return zHead;
}。
```

9. 【解答】

① u = u. link;   ② p = u;   ③ v. link = tail. link;   ④ tail. link = v;   ⑤ tail = tail. link

11. 【解答】

① p = new LNode（ ）;   ② p. next! = null;   ③p. next = q. next;   ④p = p. next;
⑤B = B. next

13. 【解答】

其函数是将单链表 A 中的所有偶数序号的结点删除，并在删除时把被删除结点链接起来构成单链表 B。实现本题功能的函数如下：

```
< T > void disa( LNode < T > a,LNode < T > b) {
        LNode < T > r,p,q;
        p = a;
        b = a. getNext( ) ;
        r = b;
        while( p ! = null && p. getNext( ) ! = null) {
                q = p. getNext( ) ;                 //q 指向偶数序号的结点
                p. setNext( q. getNext( ) ) ;       //将 q 从原 A 中删除掉
                r. setNext( q) ;                    //将 q 结点链接到 B 链表的末尾
                r = q;                              //r 总是指向 B 链表的最后一个结点
                p = p. getNext( ) ;                 //p 指向原链表 A 中的奇数序号的结点
        }
        r. setNext( null) ;                         //将生成 B 链表中的最后一个结点的 next 域置空
}
```

14. 【解答】

交集指的是两个单链表的元素值相同的结点的集合，为了操作方便，先让单链表 C 带有一个头结点 c，最后将其删除掉。实现本题功能的函数如下：

```
< E extends Comparable < E > > LNode < E > Inter( LNode < E > a,LNode < E > b) {
        LNode < E > pa,pb,r,s,c;
        c = new LNode < E > ( ) ;                           //建立单链表 C 的头指针 c
        r = c;
        pa = a;
        pb = b;
        while( pa ! = null && pb ! = null) {
                if( pa. getData( ). compareTo( pb. getData( ) ) < 0 )pa = pa. getNext( ) ;
                else if( pa. getData( ). compareTo( pb. getData( ) ) > 0)pb = pb. getNext( ) ;
```

```
            else{                              //此时找到了一个元素值相同的结点,在
C 中生成一个结点
                s = new LNode < E > ( ) ;
                s. setData( pa. getData( ) ) ;
                r. setNext(s) ;                //把 s 结点链接到 C 的末尾
                r = s ;                        //r 始终指向 C 链表的最后一个结点
                pa = pa. getNext( ) ;
                pb = pb. getNext( ) ;
            }
        }
        r. setNext( null ) ;
        s = c ;
        c = c. getNext( ) ;                    //删除 C 链表的头结点
        s. setNext( null ) ;
        return c ;
    }
```

15. 【解答】

算法的基本设计思想:先将由 n 个整数组成的数组 R 逆置,然后再将数组 R 中的前 n – p 位和后 p 位分别进行逆置,即可得到循环左移 p 位后的结果。

```
    //将数组 R 中下标从 low 到 high 之间的元素逆置
    public static void reverse(int[ ] R ,int low,int high) {
        for( int i = low,j = high;i < j;i ++ ,j -- ) {
            int temp = R[i] ;
            R[i] = R[j] ;
            R[j] = temp ;
        }
    }
    //将由 n 个整数组成的数组 R 循环左移 p 位
    public static void leftShift(int[ ] R,int p) {
        int n = R. length ;
        reverse(R,0,n – 1) ;
        reverse(R,0,n – p – 1) ;
        reverse(R,n – p,n – 1) ;
    }
```

16. 【解答】

算法的基本设计思想:分别求出 A 和 B 两个升序序列的中位数,设为 M1 和 M2。当 M1 = M2 时,则 M1 或 M2 即为所求的中位数;当 M1 < M2 时,将 M1 所在的 A 序列中较小的一半元素舍弃,将 M2 所在的 B 序列中较大的一半元素舍弃,要求舍弃的长度相等;当 M1 > M2 时,将 M1 所在的 A 序列中较大的一半元素舍弃,将 M2 所在的 B 序列中较小的一半元素舍弃,要求舍弃的长度相等。然后对剩下的 A 和 B 两个序列重复上述操作,直到两个序列中只含一个元素为止,则其中较小者即为所求的中位数。

```java
public static int searchMedian( int[ ] a, int[ ] b) {
        int n = a. length;
        int low1 = 0, low2 = 0, high1 = n - 1, high2 = n - 1, mid1, mid2;
        while( low1 < high1 || low2 < high2) {
            mid1 = ( low1 + high1)/ 2;
            mid2 = ( low2 + high2)/ 2;
            if( a[ mid1] == b[ mid2])
                return a[ mid1];
            if( a[ mid1] < b[ mid2]) {
                if( ( low1 + high1) % 2 == 0) {
                    low1 = mid1;
                    high2 = mid2;
                } else {
                    low1 = mid1 + 1;
                    high2 = mid2;
                }
            } else {
                if( ( low1 + high1) % 2 == 0) {
                    high1 = mid1;
                    low2 = mid2;
                } else {
                    high1 = mid1;
                    low2 = mid2 + 1;
                }
            }
        }
        return( a[ low1] < b[ low2] ? a[ low1] : b[ low2]);
}
```

17. 【解答】

```java
//删除元素递增排列的链表 L 中值大于 mink 且小于 maxk 的所有元素
static void Delect_Between( LNode < Integer > L, int mink, int maxk) {
        LNode < Integer > p = L. getNext( );
        LNode < Integer > pre = L;
        while( p ! = null && p. getData( ) <= mink) {
            pre = p;//查找第一个值 > mink 的结点
            p = p. getNext( );
        }
        if( p ! = null) {
            while( p ! = null && p. getData( ) < maxk)
                p = p. getNext( );//查找第一个值 >= maxk 的结点
```

```
                LNode < Integer > q = pre. getNext( );
                pre. setNext( p) ;//修改指针
                while( q ! = p) {
                        LNode < Integer > s = q. getNext( );
                        q. setNext( null) ;
                        q = s;
                }
        }
}
```

18. 【解答】

①p. link = creat （n－1）;　　　② print （head. link）;　　　③ p. link = q. link

④ r. link = q　　　　　　　⑤ p = p. link　　　　　　⑥ r. link = head

19. 【解答】

```
< E extends Comparable < E > > void insert( LNode < E >h,E a,E b) {
        LNode < E > p,q,s = new LNode < E > ( );
        s. setData( b) ;
        q = h;
        p = h. getNext( );
        while( !  p. getData( ). equals( a) && p. getNext( ) ! = null) {
            q = p;
            p = p. getNext( );
        }
        if( p. getData( ). equals( a) ) {
            q. setNext( s) ;
            s. setNext( p) ;
        } else {
            p. setNext( s) ;
            s. setNext( null) ;
        }
}
```

20. 【解答】

```
public static < E > void realignment( DuLNode < E > head) {
        DuLNode < E > p = head. getNext( );           //p 指向链表的头结点
        while( p. getNext( ) ! = head && p. getNext( ). getNext( ) ! = head) {
            p. setNext( p. getNext( ). getNext( ) );
            p = p. getNext( );
        }                                             //此时 p 指向最后一个奇数结点
        if( p. getNext( ). getNext( ) == head)        //当链表的总结点数为偶数个时
            p. setNext( p. getNext( ) );
        else
            p. setNext( p. getPrior( ) );             //当链表的总结点数为奇数个时
```

```
        p = p. getNext( ) ;                      //此时 p 指向最后一个偶数结点
        while( p. getPrior( ). getPrior( )! = head) {
            p. setNext( p. getPrior( ). getPrior( ) ) ;
            p = p. getNext( ) ;
        }
        p. setNext( head) ;                      //next 域的值修改完毕
        for( p = head; p. getNext( )! = head; p = p. getNext( ) )    //开始修改 prior 链
            p. getNext( ). setPrior( p) ;
        head. setPrior( p) ;             //头结点的前驱指针指向结果链的最后一个结点
    }
```

23. 【解答】

```
< E > LNode < E > delprev( LNode < E > p) {
    LNode < E > r = p, q = r. getNext( ) ;
    while( q. getNext( )! = p) {
        r = r. getNext( ) ;
        q = r. getNext( ) ;
    }
    r. setNext( p) ;
    return q;
}
```

24. 【解答】

算法的基本设计思想：定义两个指针变量 p 和 q，初始值均指向链表头结点的下一个结点（链表的第一个结点），p 指针沿着 link 链顺序移动；当 p 指针移动到第 k 个结点时 q 指针开始与 p 指针同步移动；当 p 指针移动到链表的尾结点时，q 指针所指结点为倒数第 k 个结点。以上过程仅需对链表进行一次扫描。

```
public static < E > int searchKN( LNode < E > list, int k) {
    LNode < E > p = list. getNext( ), q = list. getNext( ) ;  //p、q 指向第一个结点
    int i = 0;                              //计数器赋初值
    while( p! = null) {                     //遍历链表,直到最后一个结点
        if( i < k)
            i + + ;
        else                               //若 i < k 只移动 p,否则 p、q 同时移动
            q = q. getNext( ) ;
        p = p. getNext( ) ;
    }
    if( i < k)                             //如果链表的长度小于 k,查找失败
        return 0;
    else {
        System. out. println( "倒数第 k 个结点为:" + q. getData( ). toString( ) ) ;
        return 1;
    }
```

25. 【解答】

```
void split( LNode < Character > ha, LNode < Character > hb, LNode < Character > hc) {
        char c;
        LNode < Character > ra, rb, rc, p = ha. getNext( );
        ra = ha;
        ra. setNext( null);
        rb = hb;
        rb. setNext( null);
        rc = hc;
        rc. setNext( null);
        while( p ! = ha) {
            c = p. getData( );
            if( ( c >= 'a '&& c <= 'z ') || ( c >= 'A '&& c <= 'Z ')) {
                ra. setNext( p);
                ra = p;
            } else if( c >= '0 '&& c <= '9 ') {
                rb. setNext( p);
                rb = p;
            } else {
                rc. setNext( p);
                rc = p;
            }
            p = p. getNext( );
        }
        ra. setNext( ha);
        rb. setNext( hb);
        rc. setNext( hc);
}
```

27. 【解答】

在遍历单链表时，可以利用指针记录当前结点和其前驱结点。知道了当前结点的前驱结点位置，就可以给当前结点的前驱指针赋值。这样在遍历了整个链表后，所有结点的前驱指针均得到赋值。

```
< E > void singletodouble( DuLNode < E > h) {
    DuLNode < E > pre, p;
    p = h. getNext( );
    pre = h;
    while( p ! = h) {
        p. setPrior( pre);
        pre = p;
        p = p. getNext( );
```

```
            }
        p. setPrior( pre );
    }
```

第3章　栈和队列参考答案

3.1　基础题

单项选择题

1	2	3	4	5	6	7	8	9	10
B	C	A	B	B	A	D	C	C	D

11	12	13	14	15	16				
D	B	C	C	B	D				

填空题

1.【解答】假溢出现象的出现

2.【解答】①一端；②栈顶；③栈底；④后进先出

3.【解答】2 3 4

4.【解答】① – ；② +

5.【解答】①顺序存储；②链式存储；③顺序栈；④链栈

6.【解答】top = top. next;

7.【解答】① s. top = = s. base；② s. top – s. base >= s. stacksize

8.【解答】① – + x * A–yb/cd；② xayb – * + cd/ –

9.【解答】SXSSXSXX

10.【解答】993

3.2　综合题

1.【解答】

（1）acbd。

（2）执行以下操作序列 Push（a），Pop（），Push（b），Push（c），Push（d），Pop（），Pop（），Pop（）就可以得到 adcb；栈的特点是"后进先出"，所以不可能得到 adbc。

（3）Push（a），Push（b），Push（c），Push（d），Pop（），Pop（），Pop（），Pop（）可以得到 dcba；

Push（a），Push（b），Push（c），Pop（），Pop（），Pop（），Push（d），Pop（）可以得到 cbad；

Push（a），Push（b），Pop（），Pop（），Push（c），Pop（），Push（d），Pop（）可以得到 bacd；

Push（a），Push（b），Pop（），Pop（），Push（c），Push（d），Pop（），Pop（）可以得到 badc；

Push（a），Pop（），Push（b），Push（c），Push（d），Pop（），Pop（），Pop（）可以得到 adcb；

Push（a），Pop（），Push（b），Push（c），Pop（），Pop（），Push（d），Pop（）可以得

141

到 acbd；

  Push（a），Pop（），Push（b），Pop（），Push（c），Pop（），Push（d），Pop（）可以得到 abcd；

  Push（a），Pop（），Push（b），Pop（），Push（c），Push（d），Pop（），Pop（）可以得到 abdc。

2. 【解答】

```
public static < E > void inverseLinkList( LinList < E > list) {
    MyStack < E > sq = new SqStack < E > ( ) ;
    LNode < E > p = list. getHead( ). getNext( ) ;
    while( p! = null) {
        sq. push( p. getData( ) ) ;
        p = p. getNext( ) ;
    }
    p = list. getHead( ). getNext( ) ;
    while( ! sq. isEmpty( ) ) {
        p. setData( sq. pop( ) ) ;
        p = p. getNext( ) ;
    }
}
```

5. 【解答】

```
public static < E > void   reverse( E[ ] a) {
    MyStack < E > s = new SqStack < E > ( ) ;
    for( int i = 0 ; i < a. length ; i ++ )
        s. push( a[ i ] ) ;
    for( int i = 0 ; i < a. length ; i ++ )
        a[ i ] = s. pop( ) ;
}
```

8. 【解答】

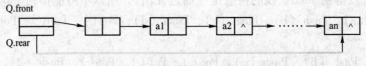

图 A-1　队列 Q 的链式存储结构

9. 【解答】

```
public void enQueue( T x) {
    Node < T > p = new Node < T > ( ) ;
    p. data = x ;
    p. next   =   rear ;    //改为:p. next = rear. next
    rear. next = p ;
    rear = p ;
```

```
        }
    public T deQueue( ) {
        T x;
        if( rear! = rear. next) {
            Node < T > p = rear. next;//改为:p = rear. next. next
            x = p. data;
            rear. next. next = p. next;
            if( p == rear)
                rear = rear. next;
        }
    }
```

10. 【解答】

```
void conver( int[ ] a,int[ ] b) {
        int n = a. length;
        int i,p;
        Stack < Integer > s = new Stack < Integer > ( );
        for( i = 0;i < n;i ++ ) {
            p = a[ i ];
            s. clear( );
            while( p ! = 0) {
                s. push( p % 8);
                p / = 8;
            }
        while( ! s. empty( ))p = p * 10 + s. pop( );
        b[ i ] = p;
        }
}
```

11. 【解答】

```
public class Answer_11 {
    public static int n = 10;
    public static void main( String[ ] args) {
        int i = 0;
        int[ ] b = { 1,2,3,4,5,6,7,8,9,10};
        Reverse( b,0,n - 1);
        System. out. println( "the result is:");
        for( i = 0;i < n;i ++ ) {
            System. out. print( b[ i ] + " ");
        }
        System. out. println( );
    }
    static void Reverse( int[ ] a,int s,int e) {
        int temp;
```

```
                    if(s < e) {
                        temp = a[s];
                        a[s] = a[e];
                        a[e] = temp;
                        Reverse(a, s + 1, e - 1);
                    }
                }
```

12. 【解答】

队满的条件：sq. quelen == MAXSIZE

入队列算法：

```
    //若循环队列 cq 未满,插入 x 为新的队尾元素;否则队列状态不变并给出错误信息
    void en_cqueue(SeqQueue < T > cq, T x) {
        if(sq. quelen == MAXSIZE) System. out. println("Overflow");
        else {
            cq. element[cq. rear] = x;
            cq. rear = (cq. rear + 1) % MAXSIZE;
            quelen ++ ;
        }
    }
```

出队列算法：

```
    //若循环队列 cq 不空,则删去队头元素并返回元素值;否则返回空元素 null
    T dl_cqueue(SeqQueue < T > cq) {
        if(cq. quelen == 0) return null;
        T t = cq. element[cq. front]
        cq. front = (cq. front + 1) % MAXSIZE;
        quelen -- ;
        return t;
    }
```

第4章 串参考答案

4.1 基础题

单项选择题

1	2	3	4	5	6
B	B	C	B	D	D

填空题

1. 【解答】两个串的长度相等且对应位置的字符相同

2. 【解答】① 由一个或多个空格字符组成的串； ② 其包含的空格个数

3. 【解答】01122341

4. 【解答】10

5. 【解答】concat（subString（s，1，3），substring（s，7，1））

6. 【解答】（n+2）（n-1）/2

计算：$2+3+4+\cdots+n=(n+2)(n-1)/2$

7. 【解答】① 7；② 4；③ 7；④ 1

4.2　综合题

1. 【解答】

空格串：由一个或多个空格组成的串称为空格串。

空串：不含任何字符的串，它的长度为0。

串变量：是串的名字，可以引用一个字符串。

串常量：是串的值，即由字母、数字或者其他字符组成的有限序列。

主串和子串：串中任意个连续的字符组成的子序列称为该串的子串。包含子串的串相应地称为主串。

串名和串值：参见串变量和串常量。

3. 【解答】

本题的算法思想：设置两个下标变量 i 和 j 分别指向字符串的首尾，若对应字符相等，则 i++，j--，继续判断对应字符是否相等，直到 i≥j，可以判断出字符串是否是回文。

```java
public static boolean isPalindrome(SeqString str){
    int i=0,j=str. length()-1;
    while(i<j){
        if(str. charAt(i)==str. charAt(j)){
            i++;
            j--;
        }
        else
            return false;
    }
    if(i>=j)
        return true;
    else
        return false;
}
```

4. 【解答】

len(s)=14;

len(t)=4;

substr(s,8,7)="STUDENT";

substr(t,2,1) = "o";

index(s,"A") = 3;

index(s,t) = -1;

replace(s,"STUDENT",q) = "I AM A WORKER";

concat(substr(s,6,2),concat(t,substr(s,7,8))) = "A GOOD STUDENT"

6.【解答】

(1) j	1	2	3	4	5	6	7
串 p	a	b	c	a	b	a	a
next [j]	0	1	1	1	2	3	2

第一趟　主串　a b c a a b b a b c a b a a c b a c b a
　　　　模式　a b c a b a a
　　　　　　　　　　　↑ j=5　next[5]=2
　　　　　　　　　　　↓ i=5 ⟶ i=7

第二趟　主串　a b c a a b b a b c a b a a c b a c b a
　　　　模式　(a) b c a b a a
　　　　　　　　　　↑ j=2 ⟶ j=3　next[3]=1
　　　　　　　　　　↓ i=7

第三趟　主串　a b c a a b b a b c a b a a c b a c b a
　　　　模式　　　a b c a b a a
　　　　　　　　　↑ j=1　next[1]=0
　　　　　　　　　↓ i=8

第四趟　主串　a b c a a b b a b c a b a a c b a c b a
　　　　模式　　　a b c a b a a
　　　　　　　　　↑ j=1 ⟶ j=7

7.【解答】

本题的算法思想：从头到尾扫描 x，对于 x 的每个结点 c，判定是否在 y 中，若在，则继续扫描 x；若不在，则给出该 c 并返回。本题对应的函数如下：

```
char findfirst(LinkedString x,LinkedString y){
    Lnode < Character > p;
    char c = '';
    p = x. head;
    if( x. head == null){
        System. out. println("x 为空");
        System. exit(0);
    }
    else{
        while(found(p. data,y))p = p. next;
```

```
                c = p. data;
            }

        return c;
    }
    //若 h 的链表中包含有 data 域为 x 的结点则返回 true；否则返回 false
    boolean found( char d,LinkedString h) {
        Lnode < Character > p = h. head;
        while( p ! = null && p. data ! = d) {
            p = p. next;
        }
        if( p == null) return false;
        else return true;
    }
```

8. 【解答】

```
    int strcmp( SeqString a,SeqString b) {
            int i,minlen;
            if( a. len < b. len) minlen = a. len;              //计算:minlen = ( m,n)
            else minlen = b. len;
            i = 0;
            while( i <= minlen) {
                if( a. value[ i] < b. value[ i] ) return - 1;      //s < t
                else if( a. value[ i] > b. value[ i] ) return 1;   //s > t
                else i ++;
            }
            //以下是公共长度部分均相同的情况
            if( a. len == b. len) return 0;                     //s = t
            else if( a. len < b. len) return - 1;               //s < t
            else return 1;                                     //s > t
    }
```

9. 【解答】

```
    //将堆结构表示的串 s1 和 s2 连接为新串 t
    void HString_concat( HString s1,HString s2,HString t) {
            t = new HString( s1. getCurlen( ) + s2. getCurlen( ) );
            int i,j = 0;
            for( i = 0; i < s1. getCurlen( ); i ++,j ++ )
                t. store[ t. getStadr( ) + j] = s1. store[ s1. getStadr( ) + i];
            for( i = 0; i <= s2. getCurlen( ); j ++,i ++ )
                t. store[ t. getStadr( ) + j] = s2. store[ s2. getStadr( ) + i];
    }
```

第5章 数组与广义表参考答案

5.1 基础题

单项选择题

1	2	3	4	5	6	7	8	9	10
B	B	C	D	C	D	C	D	B	C

11	12	13	14	15
B	D	B	C	C

填空题

1. 【解答】1100

2. 【解答】①线性结构；②顺序存储；③行优先；④列优先

3. 【解答】1208

4. 【解答】42

5. 【解答】$i * (i+1) / 2 + j + 1$

6. 【解答】括弧的重数

7. 【解答】① (a)；② (((b)，c)，(((d))))

8. 【解答】① 3；② 4

9. 【解答】860

10. 【解答】① a；② (b, c)；③ (a)；④ ((b))；⑤ b；⑥ (b)；⑦ a；⑧ ( )

5.2 综合题

1. 【解答】

该四维数组 A 的按行优先顺序在内存中的存储次序：

A[0][0][0][0],A[0][0][0][1],A[0][0][1][0],A[0][0][1][1]
A[0][1][0][0],A[0][1][0][1],A[0][1][1][0],A[0][1][1][1]
A[1][0][0][0],A[1][0][0][1],A[1][0][1][0],A[1][0][1][1]
A[1][1][0][0],A[1][1][0][1],A[1][1][1][0],A[1][1][1][1]

该四维数组 A 的按列优先顺序在内存中的存储次序：

A[0][0][0][0],A[1][0][0][0],A[0][1][0][0],A[1][1][0][0]
A[0][0][1][0],A[1][0][1][0],A[0][1][1][0],A[1][1][1][0]
A[0][0][0][1],A[1][0][0][1],A[0][1][0][1],A[1][1][0][1]
A[0][0][1][1],A[1][0][1][1],A[0][1][1][1],A[1][1][1][1]

4. 【解答】

(1) $k = 2i + j + 1$

(2) $i = \lfloor \dfrac{k}{3} \rfloor$，$j = k \% 3$

5. 【解答】

(1) $k = \dfrac{(10-i)(i-1)}{2} + j$

存储表 S	0	0	1	0	3	2	0	0	0	0	1	5	1	0	8
k = 1	1	2	3	4	5	6	7	8	9	10	11	12	13	14	15

(2)

```
class Tuple{              //三元组结构
    int i;                //非零元素行
    int j;                //非零元素列
    int value;            //非零元素的值
}

class Sparmat{            //三元组表
    int m;                //稀疏矩阵的行数、列数及非零元素的个数
    int n;
    int k;
    Tuple data[ ];
}
```

三元组表结构：m = 5，n = 5，k = 7。

i	j	value
1	3	1
1	5	3
2	2	2
3	4	1
3	5	5
4	4	1
5	5	8

7. 【解答】

(1) 三元组表示法如表 A-1 所示

表 A-1　三元组表示

	1	2	3
0	6	6	8
1	0	0	15
2	0	3	22
3	0	5	-15
4	1	1	13
5	1	2	3
6	2	3	-6
7	4	0	91
8	5	2	28

（2）带行指针线性表的单链表表示法如图 A-2 所示。

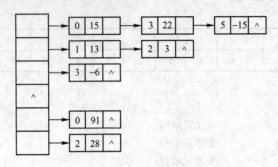

图 A-2　单链表表示

8.【解答】

建立一个可以放下 k 个整数的辅助队列,将数组 A 中的前 k 个整数依次进入辅助队列,将 A 中后面的 n-k 个整数依次前移 k 个位置,将辅助队列中的数据依次出队,依次放入 A 中第 n-k 个整数开始的位置。

实现本题功能的函数如下:

```
public static void shift( int A[ ] ,int k){
        int n = A. length;
        int temp[ ] = new int[k];        // 辅助数组,存放要移出的整数
        for( int i = 0;i < k;i ++ ){      // 将 A 中前 k 个数据存入辅助数组中
            temp[i] = A[i];
        }
        for( int i = 0;i < n - k;i ++ ){   // 将 A 中从第 k 个整数开始的整数前移 k 个位置
            A[i] = A[k + i];
        }
        for( int i = 0;i < k;i ++ ){       // 将辅助数组中的 k 个数据存放到 A 中第 n - k 个数据的
后面
            A[n - k + i] = temp[i];
        }
    }
```

12.【解答】

依题意,本题采用的算法思想:先找到第一个广义表的最后一个结点,将其链接到第二个广义表的首元素上即可。因此,实现本题功能的函数如下:

```
public GNode < T > append( GNode < T > p,GNode < T > q){
        GNode < T > r = new GNode < T > ( null );
        if( p! = null ){
            r = p;
            while( r! = null)r = r. next;   //r 指向最后一个结点
            if( q! = null ){
                r. next = q;
```

```
                }
            }
            return p;
        }
```

13. 【解答】

```
public int counter(GNode < T > p) {
    int m,n;
    if(p = = null) return 0;
    else{
        if(! p. isTag())n = 1;
        else n = counter(p. getChild(). getGnode());
        if(p. getNext()! = null){
            m = counter(p. getNext());
        }
        else m = 0;
    }
    return m + n;
}
```

15. 【解答】

一个广义表的表头指的是该广义表的第一个元素。由此，实现上述算法的函数如下：

```
GNode < T > head(GenList < T > p) {
        return p. gnode;
    }
```

一个广义表的表尾指的是除去该广义表的第一个元素后的所有剩余的部分。由此，实现上述算法的函数如下：

```
GNode < T > tail(GNode < T > p) {
        return p. next;
    }
```

由此得到一个求广义表的表头和表尾的程序如下：

```
void getHeadOrTail() {
        GNode < T > gnode = null;
        String slist = "(a,(b,c,d))";
        GenList < T > glist = (GenList < T >)gnode. createGenList(slist);
        System. out. println("广义表:");
        glist. prtlist();  //输出广义表
        System. out. println("表头:" + head(glist). data);
```

```
                System. out. println("表尾:");
                glist. gnode = tail( head( glist) );
                glist. prtlist( );
        }
```

本程序的执行结果如下。

广义表:(a,(b, c, d))

表头:a

表尾:((b, c, d))

第6章　树和二叉树参考答案

6.1　基础题

选择题

1	2	3	4	5	6	7	8	9	10
A	C	B	C	D	B	B	D	A	D
11	12	13	14	15	16	17	18	19	20
D	C	C	C	D	C	C	B	B	D	B

填空题

1.【解答】

①k1；②k2，k5，k7，k4；③2；④3；⑤4；⑥k5，k6；⑦k1

2.【解答】

①$2^{k-1}$；②$2^k - 1$；③$2^{k-2} + 1$

3.【解答】

①$2^{i-1}$；②$2^{\lfloor \log_2 n \rfloor}$；③$2^{\lfloor \log_2 n \rfloor} - 1$

4.【解答】

22

5.【解答】

①5；② 如图 A-3 所示

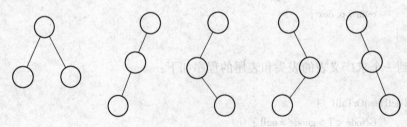

图 A-3　5 种形态的二叉树

6.【解答】

floor （$\log_2 n$） +1

7.【解答】

如图 A-4 所示

8. 【解答】

①如图 A-5 所示；②165

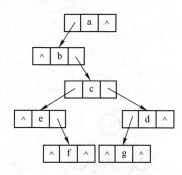

图A-4 一棵树的孩子兄弟表示

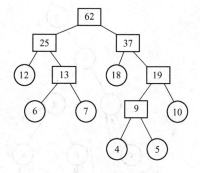

图 A-5 一棵哈夫曼树

9. 【解答】

①最短；②较近

10. 【解答】

先根

6.2 综合题

1. 【解答】

依题意，树的表示如图 A-6 所示。

（1）根结点：a　　　　　　　　　（2）叶子结点：d, m, n, f, j, k, l

（3）g 的双亲：c　　　　　　　　（4）g 的祖先：a, c

（5）g 的孩子：j, k　　　　　　　（6）e 的子孙：i, m, n

（7）e 的兄弟：d；f 的兄弟：g, h　　（8）b 的层次：2；n 的层次：5

（9）树的深度：5　　（10）以结点 c 为根的子树的深度：3　（11）树的度数：3

2. 【解答】

（1）二叉树 bt 的逻辑结构如图 A-7 所示

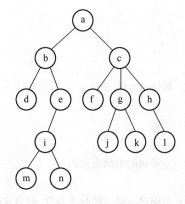

图 A-6 一棵树

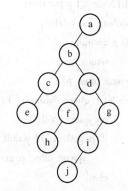

图 A-7 二叉树 bt 的逻辑结构

（2）先序遍历：abcedfhgij；中序遍历：ecbhfdjiga；后序遍历：echfjigdba

（3）二叉树 bt 的后序线索化树如图 A-8 所示

3.【解答】

（1）该二叉树如图 A-9 所示

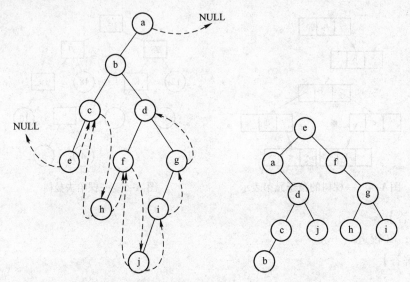

图 A-8　二叉树 bt 的后序线索化树　　　　图 A-9　一棵二叉树

（2）本题二叉树的各种遍历结果如下：

前序遍历：eadcbjfghi；中序遍历：abcdjefhgi；后序遍历：bcjdahigfe

（3）c 的父结点为 d，左孩子为 b，没有右孩子

4.【解答】

根据完全二叉树的性质，采用二叉树的层次遍历操作的思想，设置一个标志 flag，它的初始值设置为 false，当某个结点的左子树或右子树为空时，将 flag 设置为 true；若此后遍历的结点的左子树或右子树都为空，则这棵二叉树是完全二叉树；否则，其不是完全二叉树。

```
public < T > boolean isCompleteBiTree( BiTNode < T > root) {
        Queue < BiTNode < T > > queue = new LinkedList < BiTNode < T > > ( );
        BiTNode < T > p = root;
        boolean flag = false;
        if( p == null)
            return true;
        queue. offer( p);                 // 根结点入队
        while( ! queue. isEmpty( )) {
            p = queue. poll( );           // 出队
            if( p. getLeft( ) ! = null && ! flag)
                queue. offer( p. getLeft( )); // 左子树的根结点入队
            else {
                if( p. getLeft( ) ! = null)  // 前面已有结点的分支为空,但当前结点的左分支
                                             不为空
                    return false;
```

```
            else
                flag = true;              // 首次出现结点的分支为空
        }
        if( p. getRight( )! = null && ! flag)
            queue. offer( p. getRight( ));// 右子树的根结点入队
        else{
            if( p. getRight( )! = null)
                return false;
            else
                flag = true;
        }
    }
    return true;
}
```

5. 【解答】

（1）两棵高度最大的二叉树应是左单支树和右单支树，如图 A-10 所示

（2）两棵满足要求的完全二叉树如图 A-11 所示

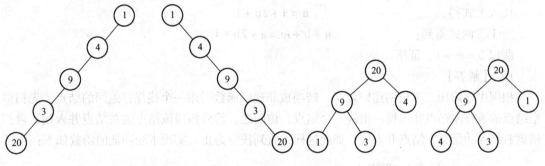

图 A-10　左单支树和右单支树　　　　　　　　　　图 A-11　完全二叉树

6. 【解答】

（1）第 i（i≥1）层上的结点个数是 k^{i-1}

（2）若 i=1，则该结点是根结点；否则，编号为 i 的结点的双亲结点（若存在）的编号是$\lfloor (i-1)/k \rfloor$（i≥2）

（3）编号为 i 的结点的第 k-1 个孩子结点的编号是 i×k，故编号为 i 的结点的第 j 个孩子结点（若存在）的编号是 $i \times k + (j-(k-1)) = (i-1) \times k + j + 1$

7. 【解答】

依题意，本题对应的哈夫曼树如图 A-12 所示。

各字符对应的哈夫曼编码如下：

a：001　b：10　c：01　　d：000　　e：11

8. 【解答】

本题的哈夫曼树如图 A-13 所示。

其加权路径长度 WPL $= 7 \times 2 + 8 \times 2 + 4 \times 3 + 2 \times 4 + 3 \times 4 + 9 \times 2 = 80$

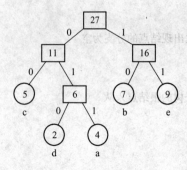

图 A-12　一棵哈夫曼树

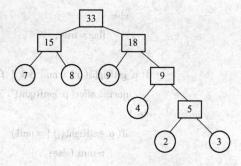

图 A-13　一棵哈夫曼树

9. 【解答】

证明：设 a 为二叉树中度为 1 的结点数，b 为度为 2 的结点数，则总的结点数为：

$$n = a + b + m \quad \text{①}$$

再看二叉树中分支数，除根结点外，其余结点都有一个分支进入，设 B 为分支数，则有：

$$n = B + 1$$

由于这些分支由度为 1 和 2 的结点射出，所以又有：

$$B = a + 2b$$

代入上式得：

$$n = a + 2b + 1 \quad \text{②}$$

由①②两式得到：

$$a + b + m = a + 2b + 1$$

所以 b = m - 1，证毕。

10. 【解答】

根据中序遍历二叉树的递归定义，转换成非递归函数时用一个栈保存返回的结点，先扫描根结点的所有左结点并入栈。出栈一个结点，访问之，然后扫描该结点的右结点并入栈，再扫描该右结点的所有左结点并入栈；如此这样，直到栈空为止。实现本题功能的函数如下：

```
public void inOrder( BiTNode < T > root) {
    Stack < BiTNode < T > > treeStack = new Stack < BiTNode < T > > ( );
    BiTNode < T > p = root;
    while(p ! = null || ! treeStack. isEmpty( )) {
        while(p ! = null) { // 扫描左结点
            treeStack. push(p);
            p = p. getLeft( );
        }
        if( ! treeStack. isEmpty( )) {
            p = treeStack. pop( );
            p. visit(p);
            // 扫描右结点
            p = p. getRight( );
        }
    }
}
```

11. 【解答】

根据后序遍历二叉树的递归定义,转换成非递归函数时采用一个栈保存返回的结点。先扫描根结点的所有左结点并入栈,出栈一个结点,然后扫描该结点的右结点并入栈,再扫描该右结点的所有左结点并入栈,当一个结点的左右子树均访问后再访问该结点,如此这样,直到栈空为止。在访问根结点的右子树后,当指针 p 指向右子树树根时,必须记下根结点的位置,以便在遍历右子树之后正确返回,这就产生了一个问题:在退栈回到根结点时如何区别是从左子树返回还是从右子树返回。可采用两个栈 stack 和 tag,并用一个共同的栈顶指针,一个存放指针值,一个存放左右子树标志(0 为左子树,1 为右子树)。退栈时在退出结点指针的同时区别是遍历左子树返回的还是遍历右子树返回的,以决定下一步是继续遍历右子树还是访问根结点。实现本题功能的函数如下:

```
public void postOrder( Btree < T > p) {
    Stack < Btree < T > > treeStack = new Stack < Btree < T > > ( );
    Btree < T >    q = p;
        while( p! = null) {
            while( p. left! = null) {
                treeStack. push( p) ;
                p    = p. left;
            }
            //当前结点无右孩子或者右孩子已经输出
            while( p! = null&&( p. right == null| | p. right == q) ) {
                p. visit( p) ;
                q = p;
                if( ! treeStack. isEmpty( ) ) {
                    p = treeStack. pop( ) ;
                }
                else{
                    p = null;
                }
            }
            //存在右孩子,处理右孩子结点
            if( p! = null) {
                treeStack. push( p) ;
                p = p. right;
            }
        }
}
```

12. 【解答】

先证明二叉树的先根遍历序列和中根遍历序列可以唯一地确定二叉树中的所有结点。
用归纳法证明:
1) 当 n = 1 时,结论显然成立
2) 假定当 n <= k 时,结论成立

3）当 n = k + 1 时，假定先根遍历序列和中根遍历序列分别为：

$$\{a1, \cdots, am\} \text{ 和 } \{b1, \cdots, bm\}$$

如中根遍历序列中与先根遍历序列 a1 相同的元素为 bj。

1）若 j = 1 时，二叉树无左子树，由 {a2, ⋯, am} 和 {b2, ⋯, bm} 可以唯一确定二叉树的右子树。

2）若 j = m 时，二叉树无右子树，由 {a2, ⋯, am} 和 {b1, ⋯, bm−1} 可以唯一确定二叉树的左子树。

3）若 2 <= j <= m − 1，则子序列 {a2, ⋯, aj} 和 {b1, ⋯, bj−1} 唯一确定二叉树的左子树；子序列 {aj + 1, ⋯, am} 和 {bj + 1, ⋯, bm} 唯一确定二叉树的右子树。

由二叉树的后根遍历序列和中根遍历序列可以唯一地确定二叉树的证明同上。

由二叉树的先根遍历序列和后根遍历序列不可以唯一地确定二叉树中的所有结点，原因是即使确定了根结点，也无法确定其左子树和右子树。

13. 【解答】

依题意：交换二叉树的左、右子树的递归模型如下：

$$\begin{cases} t = null; & \text{若 } b = null \\ \text{复制根结点，左右子树交换；} & \text{若 } b \neq null \end{cases}$$

实现本题功能的函数如下：

```
public Btree < T > swap( Btree < T > b) {
        Btree < T > t, t1, t2;
        if( b == null) t = null;
        else {
            t = new Btree();
            t. data = b. data;
            t1 = swap( b. left);
            t2 = swap( b. right);
            t. left  = t2;
            t. right = t1;
        }
        return t;
    }
```

14. 【解答】

依题意：复制一棵二叉树的递归模型如下：

$$\begin{cases} f(b) = null; & \text{若 } b = null \\ f(b) = p(p. data = b. data, p. left = f(b. letf), p. right = f(b. right)); & \text{其他} \end{cases}$$

实现本题功能的递归函数如下：

```
public Btree < T > copy( Btree < T > b) {
        Btree < T > p = new Btree();
        if( b ! = null) {
            p. data  = b. data;
            p. left = copy( b. left);
```

```
                    p. right = copy(b. right);

                    return p;

                }

            else{

                return null;

                }

        }
```

15. 【解答】

```java
public int oneChild(Btree < T > b) {

        int num1 = 0;

        int num2 = 0;

        if(b == null) return 0;

        else if((b. left == null&&b. right! = null) | | (b. left! = null&&b. right == null)) {

            return 1;

        }

        else{

            num1 = oneChild(b. left);

            num2 = oneChild(b. right);

            return    num1 + num2;

        }

    }
```

16. 【解答】

如图 A-14 所示的二叉树的广义表的输入格式为：a (b (d, e), c (f (, g (h, i)),))。
实现本题功能的递归函数如下：

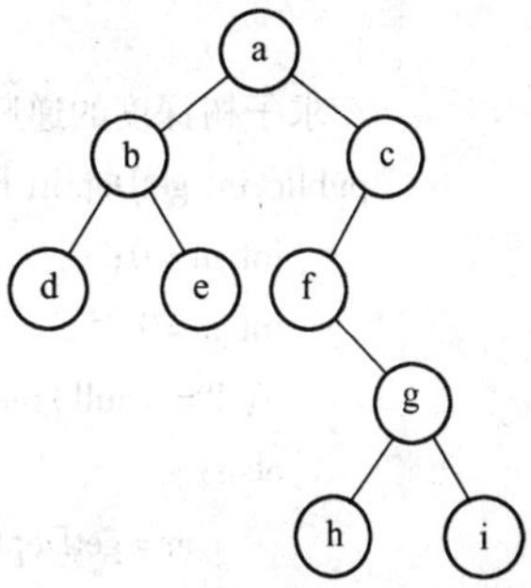

```java
private static int i = 0;
public static CSTree < String > createCSTree_GList(String dataList) {
    CSTree < String > tree = new CSTree < String > ();
    i = 0;
    if(dataList. length() > 0) {
        tree. head = createCSNode(dataList);
    }
    return tree;
}

private static CSNode < String > createCSNode(String dataList) {
    CSNode < String > p = null;
    p = new CSNode < String > (dataList. substring(i,1));// 创建结点
    i ++;
    if(i < dataList. length()) {
        if(dataList. charAt(i) == '(') { // 遇到"(",创建第一个孩子结点
            i ++;
            p. firstChild = createCSNode(dataList);
```

图 A-14　广义表树

```
        }
        if( dataList. charAt( i) ==',') {            //遇到",",创建兄弟结点
            i ++ ;
            p. sibling = createCSNode( dataList) ;
        }
        if( dataList. charAt( i) ==')') {            //遇到")",则跳过
            i ++ ;
            //p. firstChild = createCSNode( dataList) ;
        }
    }
    return p;
}
```

17. 【解答】

```
//求元素值为 x 的结点为根的子树深度
public   void  getSubDepth( Btree < T >  T, int x) {
    //找到了值为 x 的结点,求其深度
    if( ( Integer) T. data == x) {
        System. out. println( getDepth( T) ) ;
    }
    else{
        if( T. left!= null) getSubDepth( T. left, x) ;
        if( T. right!= null) getSubDepth( T. right, x) ;
    }
}
//求子树深度的递归算法
public int getDepth( Btree < T >  T) {
    int m = 0;
    int n = 0;
    if( T == null) return 0;
    else{
        m = getDepth( T. left) ;
        n = getDepth( T. right) ;
        return( m > n?  m:n) +1;
    }
}
```

18. 【解答】

```
//按照标准形式输出以二叉树存储的表达式
    public int printExpression( Btree < T >  T) {
        if( isLetter( T. data) ) System. out. print( T. data) ;
        else if( isOperator( T. data) ) {
            if( T. left == null || T. right == null) return 0;        //格式错误
```

```java
        if( isOperator( T. left. data) && getPriority( T. left. data, T. data) ) {
            System. out. print( " ( " ) ;
            if( printExpression( T. left) == 0) return 0;
            System. out. print( " ) " ) ;
        }
        else if( printExpression( T. left) == 0) {
            return 0;
        }
        if( isOperator( T. right. data) && getPriority( T. right. data, T. data) ) {
            System. out. print( " ( " ) ;
            if( printExpression( T. left) == 0) return 0;
            System. out. print( " ) " ) ;
        }
        else if( printExpression( T. right) == 0) {
            return 0;
        }
    }
    else return 0;         //非法字符
    return 1;
}
//判断是否为字母
public boolean isLetter( Object data) {
    char c = data. toString( ). charAt(0) ;
    if( c >'A'&& c <'Z') {
        return true;
    }
    return false;
}
//判断是否为操作符
public boolean isOperator( Object data) {
    char c = data. toString( ). charAt(0) ;
    if( c =='+' || c =='-' || c =='*' || c =='/' || c =='%') {
        return true;
    }
    return false;
}
int Priority[ ][ ] = new int[5][5];        //优先级矩阵,全局变量
public int getID( Object data) {
    char c = data. toString( ). charAt(0) ;
    int id = -1;
    switch( c) {
        case '+': id = 0 ; break;
        case '-': id = 1 ; break;
```

161

```
            case ' * ' : id = 2 ; break;
            case ' / ' : id = 3 ; break;
            case ' % ' : id = 4 ; break;
        }
        return id;
    }
    //判断操作符的优先级
    public boolean getPriority( Object data1 , Object data2 ) {
        if( Priority[ getID( data1 ) ][ getID( data2 ) ] == 0 ) {
                return true;
        }
        return false;
    }

}
```

19. 【解答】

```
//求孩子 - 兄弟链表表示的树 T 的叶子数目
    public int leafCountCSTree( CSNode < Integer > T ) {
        int count;
        if( T. firstChild == null ) return 1 ;
        else {
            count = 0 ;
            for( CSNode < Integer >  child = T. firstChild; child != null ; child = child. sibling )
                count + = leafCountCSTree( child ) ;
            return count;
        }
    }
```

20. 【解答】

```
//求孩子 - 兄弟链表表示的树 T 的度
    public int getDegree_CSTree( CSNode < Integer > T ) {
        int degree = 0 ;
        if( T == null ) return 0 ;
        else {
            for( CSNode < Integer > p = T. firstChild; p != null; p = p. sibling ) {
                    degree ++ ;
            }
            for( CSNode < Integer > p = T. firstChild; p != null; p = p. sibling ) {
                int d = getDegree_CSTree( p ) ;
                if( d > degree ) {
                degree = d;                     //孩子结点的度的最大值
                }
            }
```

```
        }
        return degree;

    }
```

21.【解答】

此问题所构造的是一棵比较次数最小的判定树。

```
public char tran(float score) {
        char grade = '0';
        if( score <= 70) {
                if( score <= 80)
                        grade = 'C';
                else if( score <= 90)
                        grade = 'B';
                else grade = 'A';
        }
        else if( score > = 60) {
                grade = 'D';
        }
        else grade = 'E';
        return grade;
    }
```

22.【解答】

(1)用孩子 - 兄弟链表为存储结构，实现 PARENT (T，X) 运算

本题算法的思路：

1）当根结点非空进栈。

2）当栈非空 p = pop(s)（退栈操作），取元素 p 的左子树 T。

3）当 T 非空且值为 X，返回双亲 P。否则，若 T 非空，让 T 进栈，T 取它的右子树，转 3）。

4）转 2）执行。

```
public CSNode < T > parent( CSNode < T > q,T x) {
        CSNode < T > p;
        Stack < CSNode < T >> stack = new Stack < CSNode < T >> ( );
        if( q != null) {
            stack. push( q);
                while( q != null  ||  ! stack. isEmpty( )) {
                    p = stack. pop( );
                    q = p. getFirstChild( );
                    while( q. getData( ) != x && q. getSibling( ) != null) {
                        stack. push( q);
                        q = q. getSibling( );                //查看其他兄弟结点
```

```
            }
            if( q != null && q. getData( ) == x){      //找到并且返回其双亲结点
                return p;
            }
        }
    }
    return null;
}
```

(2) 用孩子 – 兄弟链表为存储结构，实现 CHILD（T，X，I）运算

算法 CHILD（T，X，I）的功能是查找结点 X 的第 I 个孩子。本算法在查找结点 X 时，同（1）基本思路相仿，只在找到结点 X 时，再查找它是否有第 I 个孩子。

```
public CSNode < T > child( CSNode < T > q,T x,int i){
    CSNode < T > p;
    Stack < CSNode < T >> stack = new Stack < CSNode < T >>( );
    int j;
    if( q != null){
        //stack. push( q);
        while( q != null ‖ ! stack. isEmpty( )){
            //q = stack. pop( );
            while( q. getData( ) != x && q != null){      //若此结点值不为 X,查找其左子树
                stack. push( q);
                q = q. getFirstChild( );
            }
            if( q != null && q. getData( ) == x){
                j = 0;
                p = q. getFirstChild( );                //找到结点 X,查找第 I 个孩子
                while( p != null && j < i){
                    j ++;
                    p = p. getSibling( );
                }
                if( j == i){
                    return p;
                } else
                    return null;
            }
            while( ! stack. isEmpty( ) && stack. peek( ). getSibling( ) == null){
                stack. pop( );
            }
            if( ! stack. isEmpty( )){
                q = stack. pop( ). getSibling( );
            }
        }
```

```
                    }
            return null;
        }
```

（3）用孩子－兄弟链表为存储结构，实现 DELETE（T，X，I）的运算

```
public void delete( CSNode < T >  q, T x, int i) {
        CSNode < T >  p;
        Stack < CSNode < T >> stack = new Stack < CSNode < T >> ( );
        int j;
        if( q != null) {
            while( q != null  ||  !  stack. isEmpty( ) ) ) {
                while( q. getData( ) != x && q != null) {    //若此结点值不为 X,查找其左子树
                    stack. push( q);
                    q = q. getFirstChild( );
                }
                if( q. getData( ) == x) {
                    j = 0;
                    p = q. getFirstChild( );                    //找到结点 X,查找第 I 个孩子
                    while( p != null && j < i) {
                        j ++ ;
                        p = p. getSibling( );
                    }
                    if( p != null && j == i) {
                        p. setSibling( p. getSibling( ) );
                    } else
                        System. out. println( "没有找到第" + i + "个孩子" );
                    return;
                }
                while( !  stack. isEmpty( ) && q. getSibling( ) == null) {
                    stack. pop( );
                }
                if( !  stack. isEmpty( ) ) {
                    q = stack. pop( ). getSibling( );
                }
            }
            System. out. println( "没有找到结点 x" );
        }
    }
```

23. 【解答】

依题意：本题采用后序遍历的非递归算法方法，因退栈时需区分其左右子树是否已遍历，因此在结点入栈的同时附带一个标志：false 表示暂且不能访问，true 表示可以访问。用栈 stack 保存结点指针及其标志。因此，实现本题功能的函数如下：

```
class Node {
    public BiTNode < T > p;
    public boolean tag;
}
```

//采用后序遍历的非递归算法求解

```
public void ancestor( BiTNode < T > t,T x) {
    Stack < Node > stack = new Stack < Node > ( );
    while( true) {
        while( t != null && ! t. getData( ). equals(x)) {    //将 t 所指结点的所有左结点入栈
            Node node = new Node( );
            node. p = t;
            node. tag = false;
            stack. push( node) ;
            t = t. getLeft( ) ;
        }
        if( t != null && t. getData( ). equals(x) ) {  //找到了该结点,则打印其祖先
            System. out. println("结点" + x + "的祖先是:" );
            for( int i = 0;i < stack. size( );i + + )
                System. out. print( " \t" + stack. get( i). p. getData( )) ;
            break;
        } else {
            while( ! stack. isEmpty( )&& stack. peek( ). tag) {
                stack. pop( );
            }
            if( ! stack. isEmpty( )) {
                Node temp = stack. pop( );
                temp. tag = true;
                stack. push( temp) ;
            }
            t = stack. peek( ). p. getRight( ) ;
        }
    }
}
```

24. 【解答】
(1) 二叉树中任意一个结点都无左孩子
(2) 二叉树中任意一个结点都无右孩子
(3) 至多只有一个结点的二叉树

25. 【解答】
由后序序列的最后一个结点 a 可推出该二叉树的树根为 a;由中序序列可推出 a 的左子树由 cbed 组成,右子树由 hgijf 组成,又由 cbed 在后序序列中的顺序可推出该子树的根结点为 b,其左子树只有一个结点 c,右子树由 ed 组成,显然这里的 d 是根结点,其左子树

为结点 e，这样可得到根结点 a 的左子树的先序序列为：bcde；再依次推出右子树的先序序列为：fghij。因此该二叉树如图 A-15 所示。

设二叉树的先序线索链表如图 A-16 所示。

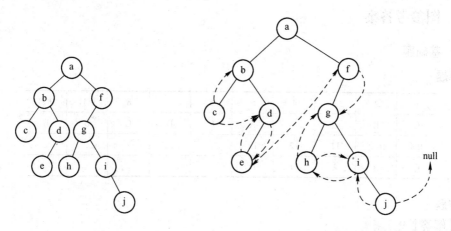

图 A-15　二叉树　　　　　图 A-16　二叉树的先序线索链表

26.【解答】

解：设 n 为总的结点个数，n_0 为叶子结点（即度为 0 的结点）的个数，则有：

$$n = n_0 + n_1 + n_2 + \cdots + n_m \qquad ①$$

又有：$n - 1 =$ 度的总数，即：

$$n - 1 = n_1 * 1 + n_2 * 2 + \cdots + n_m * m \qquad ②$$

式① - 式②得：$1 = n_0 - n_2 - 2n_3 - \cdots - (m - 1)n_m$

则有：$n_0 = 1 + n_2 + 2n_3 + \cdots + (m - 1)n_m = 1 + \sum_{i=2}^{m}(i - 1)n_i$

27.【解答】

（1）依题意，这种二叉树中没有度为 1 的结点，度为 2 的结点数 n_2 和度为 0 的结点数 n_0 之间满足关系：

$$n_2 = n_0 - 1$$

所以，总结点数 $= n_2 + n_0 = n_0 - 1 + n_0 = 2n_0 - 1 = 2n - 1$

（2）证明：采用归纳法

1）当 $n = 1$ 时，$l_i = 1$，则 $\sum_{i=1}^{l} 2^{-(l_i-1)} = 2^0 = 1$，只有一个根结点，等式成立。

假设 $n \leq m - 1$ 时，有 $\sum_{i=1}^{m-1} 2^{-(l_i-1)} = 1$，只需证明 $n = m$ 时该等式成立即可。

2）当 $n = m$ 时，假设在有 $m - 1$ 个叶子结点的二叉树的 h_i 层上的叶子结点上加上两个儿子结点，则总的叶子结点个数增加 1 个，这样构成一个有 m 个叶子结点的二叉树。

由于在该 m 个叶子结点的二叉树中所有叶子结点的 $2^{-(l_i-1)}$ 之和，等于原来 $m - 1$ 个叶子结点的二叉树中所有叶子结点的 $2^{-(l_i-1)}$ 之和减去添加两个儿子的叶子结点的 $2^{-(h_i-1)}$，再加上该两个儿子，即 $2 * 2^{-(h_i+1-1)}$。

所以：$\sum_{i=1}^{m} 2^{-(l_i-1)} = \sum_{i=1}^{m-1} 2^{-(l_i-1)} - 2^{-(h_i-1)} + 2 * 2^{-(h_i+1-1)} = \sum_{i=1}^{m-1} 2^{-(l_i-1)} = 1$

所以结论成立，证毕。

第7章 图参考答案

7.1 基础题

选择题

1	2	3	4	5	6	7	8	9①	9②
C	B	C	A	A	C	D	C	D	B

10①	10②	11	12	13
C	B	A	D	D

填空题

1. 【解答】9

因为8个顶点的连通无向图有 $8 \times (8-1)/2 = 28$ 个边，所以，非连通无向图有至少9个顶点。

2. 【解答】① 1；② 0

3. 【解答】1

4. 【解答】① v1，v2，v3，v6，v5，v4；② v1，v2，v5，v4，v3，v6

5. 【解答】① 无向；② 有向

6. 【解答】将矩阵第 i 行全部置为 0

7. 【解答】① i；② j

8. 【解答】① 连通；② 连通图

7.2 综合题

1. 【解答】

图 G 对应的邻接矩阵和邻接表两种存储结构分别如图 A-17 和图 A-18 所示。

$$A = \begin{bmatrix} 1 & 1 & 1 & 1 & 0 \\ 1 & 1 & 1 & 0 & 1 \\ 1 & 1 & 1 & 1 & 1 \\ 1 & 0 & 1 & 1 & 1 \\ 0 & 1 & 1 & 1 & 1 \end{bmatrix} \begin{matrix} 1 \\ 2 \\ 3 \\ 4 \\ 5 \end{matrix}$$

图 A-17 图 G 的邻接矩阵

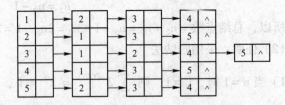

图 A-18 图 G 的邻接表

2. 【解答】

广度优先搜索的序列为：1，2，3，6，4，5，8，7。

深度优先搜索的序列为：1，2，6，4，5，7，8，3。

3. 【解答】

使用普里姆算法构造出一棵最小生成树的过程如图 A-19 所示。

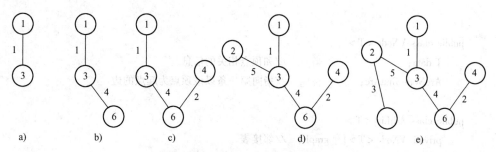

图 A-19 普里姆算法构造最小生成树的过程

4.【解答】

使用克鲁斯卡尔算法构造出一棵最小生成树的过程如图 A-20 所示。

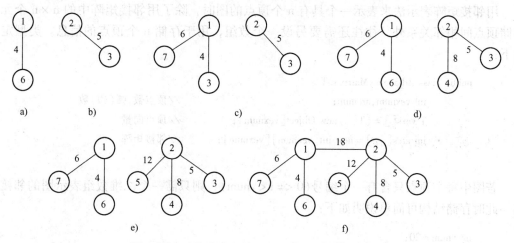

图 A-20 克鲁斯卡尔算法构造最小生成树的过程

5.【解答】

（1）从顶点 8 出发的搜索序列为：8，4，2，1，3，6，7，5

（2）p 的整个变化过程为：

p = 8（输出）p = 4（输出）p = 2（输出）

p = 1（输出）p = 2 p = 3（输出）p = 1

p = 6（输出）p = 3 p = 8 p = 7（输出）

p = 3 p = 8 p = 5（输出）

6.【解答】

单链表中每一个结点称为表结点，应包括两个域：邻接点域，用以存放与 v_i 相邻接的顶点序号；链域，用于指向同 v_i 邻接的下一个结点。另外，每一个单链表设一个表头结点。每一个表头结点有两个域，一个用来存放顶点 v_i 的信息；另一个域用来指向邻接表中的第一个结点。为便于管理和随机访问任一顶点的单链表，将所有单链表的头结点组织成一个一维数组。邻接表的类型定义如下：

```
public class ArcNode {
    private int adjvex;        //该边所指向顶点在图中的编号
    private ArcNode link;      //指向下一条边
```

```
    }
public class VNode < T > {
    T data;                        //和顶点相关的信息
    ArcNode firstArc;              //指向第一条以该顶点为起点的边
}
public class AdjList < T > {
    private VNode < T > [ ] graph;  //邻接表
    private int vexNum,arcNum;      //图的当前顶点数和边数
}
```

7. 【解答】

用邻接矩阵表示法来表示一个具有 n 个顶点的图时，除了用邻接矩阵中的 n×n 个元素存储顶点间相邻关系外，往往还需要另设一个数组，用于存储 n 个顶点的信息。类型定义如下：

```
public class AdjacencyMatrix < T > {
        int vexnum,arcnum;                       //顶点数,弧(边)数
        T vexs[ ] = (T[ ])new Object[vexnum];    //顶点向量
        int arcs[ ][ ] = new int[vexnum][vexnum]; //邻接矩阵
    }
```

若图中每个顶点只含有一个编号(0 <= i < vnum)，则只需一个二维数组表示图的邻接矩阵。此时存储结构可简单说明如下：

```
int vnum = 20;
    int[ ][ ] GraphTp = new int [vnum] [vnum ] ;
```

8. 【解答】

本题的算法思路：先建一个空的邻接矩阵，然后在邻接表上顺序地取每个单链表中的表结点，如果表结点不为空，则将邻接矩阵中对应单元的值置为 1。

```
public static < T > AdjacencyMatrix < T > adListConvertToAdjacencyMatric( AdjList < T > b) {
        AdjacencyMatrix < T > adm = new AdjacencyMatrix < T > ( );
        int n = b. getVexNum( );
        for( int i = 0;i < n;i ++ ) {      //顶点矩阵赋值
            adm. getVexs( )[i] = b. getGraph( )[i]. getData( );
        }
        for( int i = 0;i < n;i ++ ) {
            ArcNode p = b. getGraph( )[i]. getFirstArc( );
            while( p != null) {
                adm. getArcs( )[i] [p. getAdjvex( )] = 1;
                p = p. getLink( );
            }
        }
        return adm;
```

9. 【解答】

（1）在邻接矩阵上，一行对应于一个顶点，而且每行的非零元素的个数等于对应顶点的出度。因此，当某行非零元素的个数为零时，则对应顶点的出度为零。据此，从第一行开始，查找每行是否有非零元素，如果没有则计数器加 1

```java
public static <T> int sum_zero1(AdjacencyMatrix<T> am){
        int count = 0;
        int n = am.getVexnum();
        for(int i = 0;i < n;i ++){
            boolean tag = false;        //tag 为标志
            for(int j = 0;j < n;j ++)
                if(am.getArcs()[i][j] >= 1)
                    tag = true;         //有边
            if(tag == false)
                count ++;               //i 出度为 0
        }
        return count;
    }
```

（2）邻接表结构中的边表恰好就是出边表。因此，其表头数组中 firstarc 域为空的个数等于出度为零的元素个数

```java
public static <T> int sum_zero2(AdjList<T> a){        //a 为有向图的邻接表
        int count = 0;
        int n = a.getVexNum();
        for(int i = 0;i < n;i ++)
            if(a.getGraph()[i].getFirstArc() == null)
                count ++;
        return count;
    }
```

10. 【解答】

本题的算法思想：假设源点为 v。

（1）置集合 s 的初态为空

（2）把顶点 v 放入集合 s 中

（3）确定从 v 开始的 n–1 条路径

1）选取最短距离的顶点 u。

2）把顶点 u 加入集合 s 中。

3）更改距离。

实现本题功能的函数如下：

```java
import graph.AdjacencyMatrix;
public class Answer7_10 {
```

```
//v 为源点,g 为带权图,dist 用来存放从源点 v 到其余各结点的最短距离
//path 用来存放从源点 v 到其余各结点的最短路径上到达目标结点的前一个结点下标
final static int MAXWEIGHT = 9999;
public static < T > void shortestPath(int v,AdjacencyMatrix < T > g,
            int dist[ ],int parent[ ]){
    int n = g. getVexnum( );
    boolean[ ] s = new boolean[n];//final[i]为 true 说明已经求得从源点 v 到 i 的最短路径
    //初始化
    for(int i = 0;i < n;i ++){              //置集合 s 的初态为空
        s[i] = false;
        dist[i] = g. getWeight(v,i);
        if(i != v && dist[i] < MAXWEIGHT)
            parent[i] = v;
        else
            parent[i] = − 1;
    }
    s[v] = true;                            //把顶点 v 放入集合 s
    dist[v] = 0;
    //每次循环得到源点 v 到某个顶点 w 的最短路径,并把 w 放入集合 s
    int min,w = 0;
    for(int i = 1;i < n;i ++){              //遍历其余 n − 1 个顶点
        min = MAXWEIGHT;
        for(int j = 0;j < n;j ++){
            if(! s[j])
                if(dist[j] < min){
                    w = j;
                    min = dist[j];
                }
        }
        //当不存在路径时算法结束,针对非连通图
        if(min == MAXWEIGHT)
            return;
        s[w] = true;                        //把顶点 w 放入
        for(int j = 0;j < n;j ++)
            if(! s[j])
                if(dist[w] + g. getWeight(w,j) < dist[j]){
                    dist[j] = dist[w] + g. getWeight(w,j);
                    parent[j] = w;
                }
    }
}
```

11. 【解答】

```
int visited[MAXSIZE];                      //指示顶点是否在当前路径上
//深度优先判断有向图 G 中顶点 i 到顶点 j 是否有路径,是则返回 1,否则返回 0
public static <T> boolean isExistPath(AdjList<T> g, int i, int j) {
    int n = g. getVexNum();
    boolean visited[] = new boolean[n];
    if(i == j)
        return true;                       //i 就是 j
    else {
        visited[i] = true;
        for(ArcNode p = g. getGraph()[i]. getFirstArc(); p != null;
          p = p. getLink()) {
            int k = p. getAdjvex();
            if(! visited[k] && isExistPath(g, k, j))
                return true;               //i 下游的顶点到 j 有路径
        }
    }
    return false;
}
```

12. 【解答】

```
//广度优先判断有向图 G 中顶点 i 到顶点 j 是否有路径,是则返回 true,否则返回 false
public static <T> boolean isExistPathBFS(AdjList<T> g, int i, int j) {
    int n = g. getVexNum();
    boolean[] visited = new boolean[n];
    Queue<Integer> q = new LinkedList<Integer>();
    q. offer(i);

    while(! q. isEmpty()) {
        int u = q. remove();
        visited[u] = true;
        for(ArcNode p = g. getGraph()[i]. getFirstArc(); p != null; p = p
          . getLink()) {
            int k = p. getAdjvex();
            if(k == j)
                return true;
            if(! visited[k])
                q. offer(k);
        }
    }
    return false;
}
```

13. 【解答】

```java
public static <T> boolean isExistPathLen(AdjList<T> g,int i,int j,int k){
        int n = g. getVexNum();
        boolean[] visited = new boolean[n];
        return isExistPathLen(g,i,j,k,visited);
}
//判断邻接表方式存储的有向图 G 的顶点 i 到 j 是否存在长度为 k 的简单路径
private static <T> boolean isExistPathLen(AdjList<T> g,int i,int j,
        int k,boolean[] visited){
    if(i == j && k == 0)
        return true;          //找到了一条路径,且长度符合要求
    else if(k > 0){
        visited[i] = true;
        for(ArcNode p = g. getGraph()[i]. getFirstArc();p != null;p = p
            . getLink()){
            int l = p. getAdjvex();
            if(! visited[l])
                if(isExistPathLen(g,l,j,k - 1,visited))
                    return true;    //剩余路径长度减一
        }
        visited[i] = false;    //本题允许曾经被访问过的结点出现在另一条路径中
    }
    return false;             //没找到
}
```

14. 【解答】

```java
//求邻接表方式存储的有向图 G 的顶点 i 到 j 之间长度为 len 的简单路径条数
public static <T> int GetPathNum(AdjList<T> g,int i,int j,int k){
        int n = g. getVexNum();
        boolean[] visited = new boolean[n];
        return GetPathNum(g,i,j,k,visited);
}
//判断邻接表方式存储的有向图 G 的顶点 i 到 j 是否存在长度为 k 的简单路径
private static <T> int GetPathNum(AdjList<T> g,int i,int j,
        int k,boolean[] visited){
    int sum = 0;
    if(i == j && k == 0)
        return 1;           //找到了一条路径,且长度符合要求
    else if(k > 0){

        visited[i] = true;
        for(ArcNode p = g. getGraph()[i]. getFirstArc();p != null;p = p
```

```
                              . getLink( ) ) {
                          int l = p. getAdjvex( ) ;
                          if( !  visited[ l ] )
                              sum +  = GetPathNum( g,l,j,k - 1,visited) ;    //剩余路径长度减一
                    }
                    visited[ i ] = false; //本题允许曾经被访问过的结点出现在另一条路径中
            }
            return sum;//没找到
        }
```

15. 【解答】

```
public static  < T >  ArrayList < ArrayList < Integer >> GetAllCycle( AdjList < T > g) {  //求有向图中所
有的简单回路
        int n = g. getVexNum( ) ;
        boolean[ ]  visited = new boolean[ n ] ;
        ArrayList < ArrayList < Integer >>  cycles = new ArrayList < ArrayList < Integer >> ( ) ;//存储
发现的回路所包含的结点
        ArrayList < Integer >  path = new ArrayList < Integer > ( ) ;   //暂存当前路径
        for( int v = 0;v < n;v ++ )
            visited[ v ] = false;
        for( int v = 0;v < n;v ++ )
            if( !  visited[ v ] )
                DFS( g,v,0,visited,cycles,path) ;                         //深度优先遍历
        return cycles;
    }
    private static  < T >  void DFS( AdjList < T > g,int v,int k,boolean[ ]  visited,
            ArrayList < ArrayList < Integer >>  cycles,ArrayList < Integer >  path) {
        //k 表示当前结点在路径上的序号
        ArrayList < Integer >  thisCycle = new ArrayList < Integer > ( ) ;//存储当前发现的一个回路
        visited[ v ] = true;
        path. add( v) ;                                           //记录当前路径
        for( ArcNode p = g. getGraph( )[ v ]. getFirstArc( ) ;p != null;p = p
            . getLink( ) ) {
            int w = p. getAdjvex( ) ;
            if( !  visited[ w ] )
                DFS( g,w,k + 1,visited,cycles,path) ;
            else {                                              //发现了一条回路
                int i;
                for( i = 0;path. get( i) != w;i ++ )
                    ;                                        //找到回路的起点
                for( int j = 0;i + j < path. size( ) ;j ++ )
                    thisCycle. add( path. get( i + j)) ; //把回路复制下来
                if( !  isExistCycle( cycles,thisCycle) )
```

```
                    cycles. add(thisCycle);//如果该回路尚未被记录过,就添加到记录中
                thisCycle. clear( );                      //清空目前回路数组
            }
```

//注意只有当前路径上的结点 visited 为真。因此一旦遍历中发现当前结点 visited 为真,
即表示发现了一条回路

```
        path. remove(k);
        visited[k] = false;
    }
    //判断 thiscycle 数组中记录的回路在 cycles 的记录中是否已经存在
    private static boolean isExistCycle( ArrayList < ArrayList < Integer >> cycles,
            ArrayList < Integer > thisCycle) {
        ArrayList < Integer > temp = new ArrayList < Integer > ( );
        for(int i = 0;i < cycles. size( );i ++) { //判断已有的回路与 thisCycle 是否相同
            //也就是,所有结点和它们的顺序都相同
            //例如,142857 和 857142 是相同的回路
            int j;
            int c = thisCycle. get(0);
            //在 cycles 的一个行向量中寻找等于 thisCycle 第一个结点的元素
            for(j = 0;cycles. get(i). get(j) != c && j < cycles. get(i). size( );j ++);
            if(j < cycles. get(i). size( )) {         //有与之相同的一个元素
                //调整 cycles 中的当前记录的循环相位并放入 temp 数组中
                for(int m = 0;j + m < cycles. get(i). size( );m ++)
                    temp. add(cycles. get(i). get(j + m));
                for(int n = 0;n < j;n ++)
                    temp. add(cycles. get(i). get(n));
                if(temp. equals(thisCycle))            //与 thisCycle 比较
                    return true;                       //完全相等
                temp. clear( );                         //清空这个数组
            }
        }
        return false;                                  //所有现存回路都不与 thiscycle 完全相等
    }
```

【分析】本题算法的思想:在遍历中暂存当前路径。当遇到一个结点已经在路径中时,表明存在一条回路;扫描路径向量 path 可以获得这条回路上的所有结点。把结点序列(例如,142857)存入 thiscycle 中;由于这种算法中,一条回路会被发现好几次,所以必须先判断该回路是否已经在 cycles 中被记录过,如果没有才能存入 cycles 的一个行向量中。把 cycles 的每一个行向量取出来与之比较。由于一条回路可能有多种存储顺序,例如,142857 等同于 285714 和 571428,所以还要调整行向量的次序,并存入 temp 数组。例如,thiscycle 为 142857,第一个结点为 1,cycles 的当前向量为 857142,则找到后者中的 1,把 1 后部分提到 1 前部分前面,最终在 temp 中得到 142857。与 thiscycle 比较,发现相同。因此 142857 和 857142 是同一条回路,不予存储。

16. 【解答】

```
//从顶点 k 出发,构造邻接表结构的有向图 G 的最小生成森林 T,用孩子 - 兄弟链表存储
public static class CloseEdge {//
        int adjvex;                          //边的起点
        int lowCost;                         //边上的权

        public CloseEdge( int adjvex, int lowCost) {
            this. adjvex = adjvex;
            this. lowCost = lowCost;
        }
    }
    public static int miniMum( CloseEdge[ ] closeEdge) {
        int mini = Integer. MAX_VALUE;
        int miniIndex = - 1;
        for( int i = 0; i < closeEdge. length; i ++ ) {
            if( closeEdge[ i]. lowCost > 0) {
                if( closeEdge[ i]. lowCost < mini) {
                    mini = closeEdge[ i]. lowCost;
                    miniIndex = i;
                }
            }
        }
        return miniIndex;
    }
    public static < T > void convertToForest_Prim( AdjList < T > g, int k, CSTree < T > t) {
        int n = g. getVexNum( );
        CloseEdge[ ] closeEdge = new CloseEdge[ n];   //辅助数组,用来记录从 U 到 V - U
                                                                最小代价边

        for( int j = 0; j < n; j ++ )
            //以下在普里姆算法基础上稍作改动
            if( j != k) {
                closeEdge[ j] = new CloseEdge( k, Integer. MAX_VALUE);
            }
        for( ArcNode p = g. getGraph( )[ k]. getFirstArc( ); p != null; p = p
            . getLink( )) {
            int j = p. getAdjvex( );
            closeEdge[ j]. lowCost = p. getCost( );
        }
        closeEdge[ k]. lowCost = 0;                     //初始,U = {k}
        for( int i = 1; i < n; i ++ ) {                //选择其余 n - 1 个顶点

            k = miniMum( closeEdge);       //求出 T 的下一个结点:第 k 顶点
            if( closeEdge[ k]. lowCost < Integer. MAX_VALUE) {
```

```
                    addToForest(t,g,closeEdge[k].adjvex,k);    //把这条边加入生成森林中
                    closeEdge[k].lowCost = 0;
                    for(ArcNode p = g.getGraph()[k].getFirstArc();p != null;p = p
                            .getLink())
                        if(p.getCost() < closeEdge[p.getAdjvex()].lowCost){
                            closeEdge[p.getAdjvex()].adjvex = k;
                            closeEdge[p.getAdjvex()].lowCost = p.getCost();
                        }
            } else
                convertToForest_Prim(g,k,t);        //对另外一个连通分量执行算法
        }
    }
//把边(i,j)添加到孩子 - 兄弟链表表示的树 T 中
public static < T > void addToForest(CSTree < T > t,AdjList < T > g,int i,int j){
    VNode < T > vnStart = g.getGraph()[i];
    VNode < T > vnEnd = g.getGraph()[j];
    CSNode < T > p = t.locate(vnStart.getData());    //找到结点 i 对应的指针 p
    CSNode < T > q = new CSNode < T > (vnEnd.getData());
    if(p == null){                            //起始顶点不属于森林中已有的任何一棵树
        p = new CSNode < T > (vnStart.getData());    //作为新树插入到最右侧
        CSNode < T > r;
        for(r = t.head;r.sibling != null;r = r.sibling)
            ;
        r.sibling = p;
        p.firstChild = q;
    } else if(p.firstChild == null)        //双亲还没有孩子
        p.firstChild = q;                  //作为双亲的第一个孩子
    else {                                 //双亲已经有了孩子
        CSNode < T > r;
        for(r = p.firstChild;r.sibling != null;r = r.sibling)
            ;
        r.sibling = q;                     //作为双亲最后一个孩子的兄弟
    }
}
public static void main(String[] args){
    //省略建图步骤
    CSTree < Integer > t = new CSTree < Integer > ();    //建立树根
    CSNode < Integer > head = new CSNode < Integer > (1);
    t.setHead(head);
    //convertToForest_Prim(g,1,t);
    //...
}
```

【分析】这个算法是在普里姆算法的基础上，添加了非连通图支持和孩子－兄弟链表构建模块而得到的，其时间复杂度为 $O(n^2)$。

17. 【解答】

```
//按照题目要求给有向无环图的结点重新编号,并存入数组 new 中
public static < T > boolean TopoSeq(AdjList < T > g,int[ ] num) { //本算法就是拓扑排序
    int n = g. getVexNum( );
    int indegree[ ] = findIndegree(g);        //对各顶点求入度
    Stack < Integer > s = new Stack < Integer > ( );
    for(int i = 0;i < n;i ++ )
        //建 0 入度顶点栈
        if(indegree[i] == 0)
            s. push(i);                    //入度为 0 者进栈
    int count = 0;                         //对编号顶点计数
    while(! s. isEmpty( )) {
        int i = s. pop( );
        num[i] = ++ count;                 //把拓扑顺序存入数组的对应分量中
        for(ArcNode p = g. getGraph( )[i]. getFirstArc( );p != null;p = p
                . getLink( )) {
            int k = p. getAdjvex( );
            if( -- indegree[k] == 0)
                s. push(k);
        }
    }
    if( count < n)
        return false;
    return true;
}
```

18. 【解答】

```
//输出有向无环图形式表示的表达式的逆波兰式
public static < T > void reversePolishNotation_DAG(AdjList < T > g) {
    int n = g. getVexNum( );
    int indegree[ ] = findIndegree(g);              //对各顶点求入度
    int r = 0;
    for( int i = 0;i < n;i ++ )
        if(indegree[i] == 0)
            r = i;                                  //找到有向无环图的根
    printReversePolishNotation_DAG(g,r);
}
//打印输出以顶点 i 为根的表达式的逆波兰式
public static < T > void printReversePolishNotation_DAG(AdjList < T > g,int i) {
    T c = g. getGraph( )[i]. getData( );
```

```java
            if(g. getGraph( )[i]. getFirstArc( ) == null)    //c 是原子
                System. out. print(c);
            else {                                          //子表达式
                ArcNode p = g. getGraph( )[i]. getFirstArc( );
                printReversePolishNotation_DAG(g,p. getAdjvex( ));
                printReversePolishNotation_DAG(g,p. getLink( ). getAdjvex( ));
                System. out. print(c);
            }
    }
```

19. 【解答】

```java
public static  < T >  void criticalPath(AdjList < T > g){   //利用深度优先遍历求网的关键路径
        int n = g. getVexNum( );
        int indegree[ ] = findIndegree(g);              //对各顶点求入度
        int[ ] ve = new int[n];                         //顶点最早开始时间
        for(int i = 0;i < n;i ++ )                      //初始化
            ve[i] = 0;
        int[ ] vl = new int[n];                         //最迟发生时间
        for(int i = 0;i < n;i ++ )
            vl[i] = Integer. MAX_VALUE;
        for(int i = 0;i < n;i ++ )
            if(indegree[i] == 0)
                DFS1(g,i,ve,indegree);                  //第一次深度优先遍历:建立 ve
        for(int i = 0;i < n;i ++ )
            if(indegree[i] == 0)
                DFS2(g,i,vl,ve);                        //第二次深度优先遍历:建立 vl
        for(int i = 0;i  <= n;i ++ )
            if(vl[i] == ve[i])
                System. out. print(i + " ");            //打印输出关键路径
    }
    public static  < T >  void DFS1(AdjList < T > g,int i,int[ ] ve,int[ ] indegree){
        if(indegree[i] == 0)
            ve[i] = 0;
        for(ArcNode p = g. getGraph( )[i]. getFirstArc( );p != null;p = p
                . getLink( )){
            int dut = p. getCost( );
            if(ve[i] + dut > ve[p. getAdjvex( )])
                ve[p. getAdjvex( )] = ve[i] + dut;
            DFS1(g,p. getAdjvex( ),ve,indegree);
        }
    }
    public static  < T >  void DFS2(AdjList < T > g,int i,int[ ] vl,int[ ] ve){
        if(g. getGraph( )[i]. getFirstArc( ) == null)
```

```
                vl[ i ] = ve[ i ] ;
    else {
        for( ArcNode p = g. getGraph( )[ i ]. getFirstArc( ) ;p != null;p = p
                . getLink( ) ){
            DFS2( g,p. getAdjvex( ) ,vl,ve) ;
            int dut = p. getCost( ) ;
            if( vl[ p. getAdjvex( ) ] – dut < vl[ i ] )
                vl[ i ] = vl[ p. getAdjvex( ) ] – dut;
        }
    }
}
```

20. 【解答】

```
//在邻接表存储结构上实现 Dijkstra 算法
//parent 用来存放从源点 v 到其余各结点的最短路径上到达目标结点的前一个结点下标
//ShortestPathTable[ ]为带权长度
public static < T > void shortestPathDIJ( AdjList < T > g,int v0,int[ ] parent,int[ ] shortestPath-
Table) {
    int n = g. getVexNum( ) ;
    boolean[ ] fin = new boolean[ n ] ;//fin[ v ]为 true,即已求得从 v0 到 v 的最短路径
    for( int v = 0 ;v < n;v ++ )
        shortestPathTable[ v ] = Integer. MAX_VALUE;
    for( ArcNode p = g. getGraph( )[ v0 ]. getFirstArc( ) ;p != null;p = p. getLink( ) )
        shortestPathTable[ p. getAdjvex( ) ] = p. getCost( ) ;//给 ShortestPathTable 数组赋初值
    for( int v = 0 ;v < n;v ++ ) {
        fin[ v ] = false;
        if( shortestPathTable[ v ] < Integer. MAX_VALUE)
            parent[ v ] = v0;
        else
            parent[ v ] = – 1;
    }
    shortestPathTable[ v0 ] = 0;
    fin[ v0 ] = true;              //初始化
    for( int i = 1 ;i < n;i ++ ){    //每次循环求得 v0 到某个 v 顶点的最短路径
        int min = Integer. MAX_VALUE;
        int v = – 1;
        for( int w = 0 ;w < n;w ++ )
            if( ! fin[ w ])
                if( shortestPathTable[ w ] < min) { //尚未求出到该顶点的最短路径
                    v = w;
                    min = shortestPathTable[ w ];
                }
        fin[ v ] = true;
```

```
for( ArcNode p = g. getGraph( )[ v]. getFirstArc( ) ;p != null ;p = p. getLink( ) ) {
    int w = p. getAdjvex( ) ;
    if( ! fin[ w] &&( min +( p. getCost( ) ) < shortestPathTable[ w] ) ) {
                                                            //符合 Dijkstra 条件
        shortestPathTable[ w] = min + p. getCost( ) ;
        parent[ w] = v ;//构造最短路径
    }
  }
 }
}
```

【分析】本算法对 Dijkstra 算法中直接取任意边长度的语句作修改。由于在原算法中，每次循环都是对尾相同的边进行处理，所以可以用遍历邻接表中的一条链来代替。

第8章 查找参考答案

8.1 基础题
单项选择题

1	2	3	4	5	6	7	8	9	10	11	12
B	C	C	D	D	D	C	A	A	B	B	D

填空题

1. 【解答】平均查找长度
2. 【解答】哈希表查找法
3. 【解答】松散
4. 【解答】15
5. 【解答】$\lfloor \log_2 N \rfloor +1$
6. 【解答】8，17
7. 【解答】① 存取元素时发生冲突的可能性就越大；
② 存取元素时发生冲突的可能性就越小
8. 【解答】左子树
9. 【解答】54
10. 【解答】素数

8.2 综合题

1. 【解答】

用散列函数 H(key) = key% 13 计算出键值序列的散列地址。并用探查次数表示待查键值需对散列表中键值比较的次数。

键值序列：{39，36，28，38，44，15，42，12，06，25}

散列地址：0，10，2，12，5，2，3，12，6，12

(1) 线性探查法处理冲突

用线性探查法处理冲突构造的散列表如表 A-2 所示。

下　　标	0	1	2	3	4	5	6	7	8	9	10	11	12
T [0..12]	39	12	28	15	42	44	06	25			36		38
查找成功探查次数	1	3	1	2	2	1	1	9			1		1
查找失败探查次数	9	8	7	6	5	4	3	2	1	1	2	1	10

在等概率的情况下，查找成功的平均查找长度

$$ASL = (1 \times 6 + 2 \times 2 + 3 \times 1 + 9 \times 1)/10 = 2.2$$

设待查键值 k 不在散列表中：若 H(k) = k% 13 = d，则从 i = d 开始顺次与 T[i] 位置的键值进行比较，直到遇到空位，才确定其查找失败，同时累计 k 键值的比较次数。例如，若 k% 13 = 0，则必须将 k 与 T[0]、T[1]、…、T[8] 中的键值进行比较之后，发现 T[8] 为空，比较次数为 9、类似地可对 k% 13 = 1，2，3，…，12 进行分析可得查找失败的平均查找长度。

$$ASL = (9 + 8 + 7 + 6 + 5 + 4 + 3 + 2 + 1 + 1 + 10)/13 = 59/13 = 4.54$$

（2）拉链法处理冲突

用拉链法处理冲突构造的散列表如图 A-21 所示。

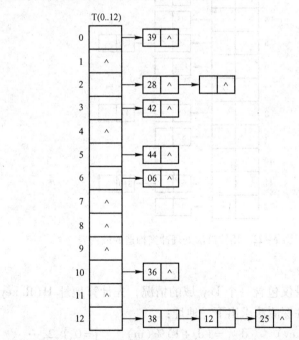

图 A-21　用拉链法处理冲突构造的散列表

在等概率的情况下查找成功的平均查找长度：

$$ASL = (1 \times 7 + 2 \times 2 + 3 \times 1)/10 = 1.4$$

设待查键值 k 不在散列表中，若 k% 13 = d。则需在 d 链表中查找键值为 k 的结点，直到表尾，若不存在则查找失败，设 d 链表中有 i 个结点，则 k 需与表中键值比较 i 次，查找失败的平均长度为：

$$ASL = (1 + 0 + 2 + 1 + 0 + 1 + 1 + 0 + 0 + 0 + 1 + 0 + 3)/13 = 10/13 = 0.77$$

2. 【解答】

依题意, 得到:

$H(87) = 87 \% 13 = 9$　　　　$H(25) = 25 \% 13 = 12$

$H(310) = 310 \% 13 = 11$　　$H(08) = 08 \% 13 = 8$

$H(27) = 27 \% 13 = 1$　　　　$H(132) = 132 \% 13 = 2$

$H(68) = 68 \% 13 = 3$　　　　$H(95) = 95 \% 13 = 4$

$H(187) = 187 \% 13 = 5$　　　$H(123) = 123 \% 13 = 6$

$H(70) = 70 \% 13 = 5$　　　　$H(63) = 63 \% 13 = 11$

$H(47) = 47 \% 13 = 8$

采用拉链法处理冲突的链接表如图 A-22 所示。成功查找的平均查找长度:

$$ASL = (1 \times 10 + 2 \times 3)/13 = 16/13$$

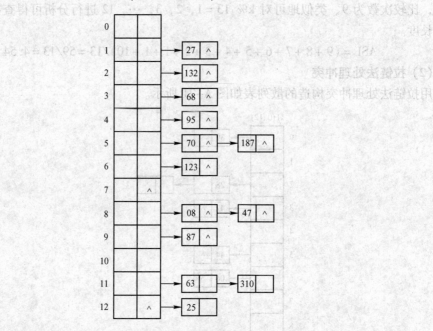

图 A-22　用拉链法处理冲突构造的散列表

3. 【解答】

为了简单, 只考虑记录仅包含一个 key 域的情况, 先计算地址 $H(R. key)$, 若无冲突, 则直接填入; 否则利用线性探测法求出下一地址:

$$d_1 = H(key) \qquad d_{j+1} = (d_j + 1) \% (m) \qquad j = 0,1,2,\cdots$$

直到找到一地址为 null, 然后再填入。实现本题功能的函数如下:

```
void hash( ) {
    int i,j;
    j = H(R. key);
    if(H[j] == null) H[j] = R;
    else{
        do
```

```
            {
                j = (j + 1) % m;
            } while( H[ j] != null);
            H[ j] = R;
        }
    }
```

4.【解答】

对长度为 20 的有序顺序表进行二分查找的判定树如图 A–23 所示。

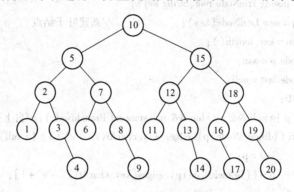

图 A–23　二分查找的判定树

等概率情况下查找成功的平均查找长度：

$$ASL = (1 + 2 \times 2 + 3 \times 4 + 4 \times 8 + 5 \times 5)/20 = 74/20 = 3.7$$

二分查找在查找失败时所需与键值比较次数不超过判定树的高度，因判定树中度数小于 2 的结点只可能在最下面的两层上，所以 n 个结点的判定树高度与 n 个结点的完全二叉树的高度相同，即为 $\lceil \log_2(n + 1) \rceil$。所以含 n 个元素的有序顺序表，查找失败时所需的最多与关键字值的比较次数为 $\lceil \log_2(n + 1) \rceil$；含 20 个元素的有序顺序表中查找失败时所需最多与关键字值的比较次数为 $\lceil \log_2(n + 1) \rceil = \lceil \log_2 21 \rceil = 5$。

5.【解答】

当自上而下的查找结束时，存在两种情况。一种情况，树中没有待插入关键字的同义词，此时只要新建一个叶子结点并连到分支结点上即可。另一种情况，有同义词，此时要把同义词的叶子结点与树断开，在断开的部位新建一个下一层的分支结点，再把同义词和新关键字的叶子结点连到新分支结点的下一层。

```
    public class Trie {
        private TrieNode root;                   //一个 Trie 树有一个根节点
        //内部类
        public abstract class TrieNode {         //节点类
        }
        public class LeafNode extends TrieNode {  //元素结点
            String str;
            LeafNode( String str) {
                this. str = str;
```

```
        }
    }
    public class BranchNode extends TrieNode {        //分支结点
        TrieNode[ ] edges;
        BranchNode( ) {
            edges = new TrieNode[27];
        }
    }
    public void insert(TrieNode root, String key) {
    LeafNode q = new LeafNode(key);                    //新建叶子结点
        int klen = key. length( );
        TrieNode p = root;
        TrieNode last = null;
        int i = 0;
        while(p != null && i < klen && p instanceof BranchNode) {//自上而下查找
            if(((BranchNode)p). edges[key. charAt(i) -'a' +1] != null) {
                last = p;
                p = ((BranchNode)p). edges[key. charAt(i) -'a' +1];
                i ++ ;
            }
        }
        if(p instanceof BranchNode) {                  //如果最后落到分支结点(无同义词)
            ((BranchNode)p). edges[key. charAt(i) -'a' +1] = q;//直接连上叶子
        } else {  //如果最后落到叶子结点(有同义词)
            BranchNode r = new BranchNode( );       //建立新的分支结点
            //用新分支结点取代老叶子结点和上一层的联系
            ((BranchNode)last). edges[key. charAt(i -1) -'a' +1] = r;
            //用于多个字符重复的同义词
            while(((LeafNode)p). str. charAt(i) == q. str. charAt(i)
                    && i  <((LeafNode)p). str. length( )&& i < q. str. length( )) {
                BranchNode temp = new BranchNode( );
                r. edges[key. charAt(i) -'a' +1] = temp;
                i ++ ;
                r = temp;
            }
            if(i == ((LeafNode)p). str. length( ))//新分支结点与新老两个叶子结点相连
                r. edges[0] = p;
            else
                r. edges[key. charAt(i) -'a' +1] = p;
            if(i == q. str. length( ))
                r. edges[0] = q;
            else
                r. edges[key. charAt(i) -'a' +1] = q;
```

6. 【解答】

二分法查找的递归算法描述如下:

```
public static < T extends Comparable < T >> int binarySearch( SqList < T > sqlist, T x, int low, int high)
{
        if( low > high) return – 1;
        else{
                int mid = ( low + high)/2;
                if( x == sqlist. getData( mid))
                        return mid;
                else if( x. compareTo( sqlist. getData( mid)) < 0)
                        return binarySearch( sqlist, x, low, mid – 1);
                else return binarySearch( sqlist, x, mid + 1, high);
        }
}
```

7. 【解答】

```
class LNode < T extends Comparable < T >> {
    private T data;                        //结点的值域
    public T getData( ) {
        return data;
    }
    public void setData( T data) {
        this. data = data;
    }
    public LNode < T > getNext( ) {
        return next;
    }
    public void setNext( LNode < T >  next) {
        this. next = next;
    }
    private LNode < T > next;             //下一个结点指针域
}
class CSList < T extends Comparable < T >> {
    LNode < T > h;                        //h 指向最小元素
    LNode < T > t;                        //t 指向上次查找的结点
    //在有序单循环链表存储结构上的查找算法,假定每次查找都成功
    LNode < T > SearchCSList( CSList < T > l, T key) {
    LNode < T >  p = null;
        if( l. t. getData( ). equals( key))
```

```
        return l. t;
    else if( l. t. getData( ). compareTo( key) > 0)
        for( p = l. h;! p. getData( ). equals( key);p = p. getNext( ));
    else
        for( p = l. t;! p. getData( ). equals( key);p = p. getNext( ));
    l. t = p;                    //更新 t 指针
    return p;
        }
    }
```

【分析】由于题目中假定每次查找都是成功的，所以本算法中没有关于查找失败的处理。在等概率情况下，平均查找长度约为 n/3。

8. 【解答】

```
    class DLNode < T extends Comparable < T >> {
        DLNode < T > pre;
        T data;
        DLNode < T > next;
    }
    class DSList < T extends Comparable < T >> {    //双向循环链表类型
        DLNode < T > sp;
        int length;
        //在有序双向循环链表存储结构上的查找算法,假定每次查找都成功
        DLNode < T > searchDSList( DSList < T > l,T key) {
            DLNode < T > p = l. sp;
            if( p. data. compareTo( key) > 0) {
                while( p. data. compareTo( key) > 0)
                    p = p. pre;
                l. sp = p;
            } else if( p. data. compareTo( key) < 0) {
                while( p. data. compareTo( key) < 0)
                    p = p. next;
                l. sp = p;
            }
            return p;
        }
    }
```

【分析】本题的平均查找长度与上一题相同，也是 n/3。

9. 【解答】

按中序遍历二叉排序树可得到一个按键值从小到大排列的有序表，利用这个特点来判别二叉树是否为二叉排序树，算法如下：

```
    public < E extends Comparable < E >> boolean judgeBinarySearchTree( TreeNode < E > root) {
```

```
        Stack < TreeNode < E >>  stack = new Stack < TreeNode < E >> ( ) ;
        E preVal = null;
        TreeNode < E >  p = root;
        do {
            while( p != null) {
                stack. push( p) ;
                p = p. left;
            }
            if( ! stack. isEmpty( ) ) {
                p = stack. pop( ) ;
                if( preVal == null)
                    preVal = p. element;
                else if( p. element. compareTo( preVal) < 0) {
                    return false;
                } else {
                    preVal = p. element;
                    p = p. right;
                }
            }
        } while( p != null || ! stack. isEmpty( ) ) ;
        return true;
    }
```

10. 【解答】

```
//找到二叉排序树 T 中小于 x 的最大元素和大于 x 的最小元素
public void search( TreeNode < E >  root, E x) {//本算法仍是借助中序遍历来实现
    E last = null;
    E a = null, b = null;
    search( root, x, last, a, b) ;
    System. out. println( "a = " + a + " \nb = " + b) ;
}
private void search( TreeNode < E >  root, E x, E last, E a, E b) {
    if( a != null&&b != null) //如果 a、b 都已找到,停止递归
        return;
    if( root. left != null)
        search( root. left, x, last, a, b) ;
    if( last == null && root. element. compareTo( x) > =0) {//处理 x 小于最小结点的情况
        a = root. element;
        return;
    } else
        last = root. element;
    if( last. compareTo( x) < 0 && root. element. compareTo( x) > =0) //找到了小于 x 的最大
                                                              元素
```

```
        a = root. element;
if( last. compareTo( x) < = 0 && root. element. compareTo( x) > 0) //找到了大于 x 的最小
                                                                         元素

        b = root. element;
last = root. element;
if( root. right != null)
        search( root. right, x, last, a, b) ;

    }
```

11. 【解答】

```
//从大到小输出二叉排序树 T 中所有不小于 x 的元素
public void printElementsNotLessthanX( E x) {
        rec( root, x) ;
    }
protected void rec( TreeNode < E > root, E x) {
        if( root == null)
            return ;
        rec( root. right, x) ;
        if( root. element. compareTo( x) < 0) {
            return;
        }
        System. out. print( root. element + " " ) ;
        rec( root. left, x) ;
    }
```

12. 【解答】

按逆中序遍历二叉排序树，可得到一个从大到小次序排列的键值序列，算法描述如下：

```
public void noRecOrderPrint( E x) {
        List < TreeNode < E >> list = new ArrayList < TreeNode < E >> ( ) ;
        Stack < TreeNode < E >> stack = new Stack < TreeNode < E >> ( ) ;
        if( root == null)
            return;
        stack. push( root) ;
        while( ! stack. isEmpty( ) ) {
            TreeNode < E > node = ( TreeNode < E > ) ( stack. peek( ) ) ;
            if( node. right != null ) {
                    stack. push( node. right) ;
            } else {
                    stack. pop( ) ;
                    if( node. element. compareTo( x) < 0)
                        return;
                    list. add( node) ;
                    if( node. left != null) {
```

```
                            stack. push( node. left) ;
                        }
                    }
                }
            for( TreeNode < E > e :list) {
                if( e. element. compareTo( x) > =0) {
                    System. out. print( e. element + " " ) ;
                }
            }
        }
    }
```

13.【解答】

删除二叉排序树 T 中所有不小于 x 元素的结点。算法如下：

```
    public void deleteElementsNotLessthanX( E x) {
            deleteRec( root, x) ;
    }
    private void deleteRec( TreeNode < E > root, E x) {
            if( root == null)
                return ;
            deleteRec( root. right, x) ;
            if( root. element. compareTo( x) <0) {
                return;
            }
            //删除 root
            if( root. left == null)
                parent = null;
            else {
                TreeNode < E > parentOfRightMost = root;
                TreeNode < E > rightMost = root. left;
                while( rightMost. right != null) {
                    parentOfRightMost = rightMost;
                    rightMost = rightMost. right;
                }
                root. element = rightMost. element;
                if( parentOfRightMost. right == rightMost)
                    parentOfRightMost. right = rightMost. left;
                else
                    parentOfRightMost. left = rightMost. left;
            }
            deleteRec( root, x, parent) ;
        }
```

14.【解答】

按照中序遍历次序递归遍历二叉排序树，即可得到由大到小的序列。因此，算法设计如下：

```
public void inverseTravelBST(TreeNode < E > root) {
    if( root != null) {
        inverseTravelBST( root. right);
        System. out. print( root. element + " " );
        inverseTravelBST( root. left);
    }
}
```

15. 【解答】

在合并过程中，并不释放或新建任何结点，而是采取修改指针的方式来完成合并。这样，就必须按照后序序列把一棵树中的元素逐个连接到另一棵树上，否则将会导致树结构的混乱。

```
public void mergeBSTree(BinaryTree < E > t,BinaryTree < E > s) { //把二叉排序树 S 合并到 T 中
    mergeBSTree(t,s. root);
}
private void mergeBSTree(BinaryTree < E > t,TreeNode < E > s) {
    if( s. left != null)
        mergeBSTree(t,s. left);
    if( s. right != null)
        mergeBSTree(t,s. right);         //合并子树
    insertNode(t. root,s);               //插入元素
}
private void insertNode(TreeNode < E > t,TreeNode < E > s) { //把结点 S 插入到 T 的合适位置上
    if( s. element. compareTo(t. element) >0) {
        if(t. right == null)
            t. right = s;
        else
            insertNode(t. right,s);
    } else if( s. element. compareTo(t. element) <0) {
        if(t. left == null)
            t. left = s;
        else
            insertNode(t. left,s);
    }
    s. left = null;      //插入的新结点必须和原来的左右子树断绝关系
    s. right = null;     //否则会导致树结构的混乱
}
```

16. 【解答】

哈希表 ht[0.. n – 1]的每个分量 ht[i]为 null 或为一单链表的头指针；单链表中每个结点有两个域，其中 next 域为指向另一个哈希地址为 i 的记录的指针。哈希表中删除关键字为 k 的一个记录的算法如下：

```java
//链地址结构
class HashNode < E extends Comparable < E >> {  //每个记录结点的结构
    E key;
    HashNode < E > next;
}
class SQHash < E extends Comparable < E >> {
    HashNode < E > [ ] ht;                    //ht 将作为动态分配的数组
    private int tableSize;                     //哈希表长度
    public void deleteHash( E k) {
        int temp = h( k);                      //将 k 对应的哈希函数 h( k)值赋给 temp
        HashNode < E > t = ht[ temp];          //在哈希表中将第 temp 个单链表的头指针赋给 t
        if( t == null)
            System. out. println( " Not found" );  //该单链表为空,说明无关键字为 k 的记录
        else if( t. key. equals( k))
            ht[ temp] = t. next;               //该链表第一个结点即为所找的关键字为 k 的记录,则删除
        else {
            while( ( t. next != null)&&( ! t. next. key. equals( k)))
                t = t. next;                   //在该单链表中查找关键字为 k 的记录
            if( t. next != null)
                t. next = t. next. next;       //找到则删除
            else
                System. out. println( " Not found" );  //该单链表中无关键字为 k 的记录
        }
    }
    private int h( E key) {
        return( Integer) key % tableSize;
    }
}
```

17. 【解答】

(1) 本题产生的二叉排序树如图 A-24 所示

(2) d 的有序序列为 bt 的中序遍历次序,即:1, 3, 5, 7, 8, 9, 10, 12, 13

(3) 删除"12"后的树结构如图 A-25 所示

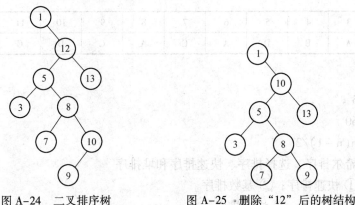

图 A-24 二叉排序树   图 A-25 删除"12"后的树结构

18. 【解答】

本题的二叉排序树如图 A-26 所示。删除"72"之后的二叉排序树如图 A-27 所示。

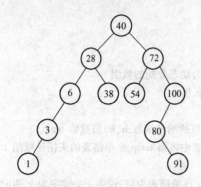

图 A-26　二叉排序树

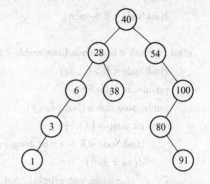

图 A-27　删除"72"后的二叉排序树

19. 【解答】

本题产生的二叉排序树如图 A-28 所示。

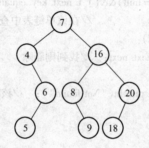

图 A-28　一棵二叉排序树

（1）按中序遍历得到的数列 R1：4，5，6，7，8，9，16，18，20

（2）按后序遍历得到的数列 R2：5，6，4，9，8，18，20，16，7

第9章　排序参考答案

9.1　基础题

单项选择题

1	2	3	4	5	6	7	8	9	10	11	12	13
B	C	A	B	D	A	C	A	C	D	C	C	D

填空题

1. 【解答】5

2. 【解答】60

3. 【解答】n(n − 1)/2

4. 【解答】希尔排序、选择排序、快速排序和堆排序

5. 【解答】① 快速排序；② 基数排序

6. 【解答】① 堆排序；② 快速排序

7. 【解答】① 插入排序；② 选择排序

8. 【解答】n－1

9. 【解答】基数

9.2 综合题

1. 【解答】

根据冒泡排序法的基本思想，比较无序区中相邻关键字。按照大小关系调整其位置，本题的解法是，通过比较已知序列中相邻关键字，并根据需要调整其位置、重复此过程直到没有关键字的位置交换为止，结果正好是关键字的升序排列。

依题意，采用冒泡排序法排序的各趟的结果如下：

初始:49,38、65,97,76,13,27

第一趟:38,49,65,76,13,27,97

第二趟:38,49,65,13,27,76,97

第三趟:38,49.13,27,65,76,97

第四趟:38,13,27,49,65,76,97

第五趟:13,27,38,49,65.76,97

第六趟:13,27,38,49,65,76,97

第六趟无元素交换,排序结束。

2. 【解答】

依题意，采用快速排序法排序的各趟的结果如下：

初始:503,87,512,61,908,170,897,275,653,462

第一趟:[462,87,275,61,170] 503 [897,908,653,512]

第二趟:[170,87,275,61] 462,503 [897,908,653,512]

第三趟:[61,87] 170 [275] 462,503 [897,908,653,512]

第四趟:61 [87] 170 [275] 462,503 [897,908,653,512]

第五趟:61,87, 170 [275] 462,503 [897,908,653,512]

第六趟:61,87,170,275,462,503 [897,908,653,512]

第七趟:61,87,170,275,462,503 [512,653] 897 [908]

第八趟:61,87,170,275,462,503,512 [653] 897 [908]

第九趟:61,87,170,275,462,503,512,653,897 [908]

第十趟:61,87,170,275,462,503,512,653,897,908

3. 【解答】

依题意，采用基数排序法排序的各趟的结果如下：

初始:265 301 751 129 937 863 742 694 076 438

第一趟:[] [301 751] [742] [863] [694] [265] [076] [937] [438] [129]

第二趟: [301] [] [129] [937 438] [742] [751] [863 265] [076] [] [694]

第三趟: [075] [129] [265] [301] [438] [] [694] [742 751] [863] [937]

4. 【解答】

依题意，采用希尔排序法排序的各趟的结果如下：

初始：

503,17,512,908,170,897,275,653,426,154,509,612,677,765,703,94

第一趟(d1 = 8)：

426,17,509,612,170,765,275,94,503,154,512,908,677,897,703,653

第二趟(d2 = 4)：

170,17,275,94,426,154,509,612,503,765,512,653,677,897,703,908

第三趟(d3 = 2)：

170,17,275,94,426,154,503,612,509,653,512,765,677,897,703,908

第四趟(d1 = 1)：

17,94,154,170,275,426,503,509,512,612,653,677,703,765,897,908

5. 【解答】

依题意，采用直接插入排序法排序的各趟的结果如下：

初始：(35),89,61,135,78,29,50

第一趟：(35,89),61,135,78,29,50

第二趟：(35,61,89),135,78,29,50

第三趟：(35,61,89,135),78,29,50

第四趟：(35,61,78,89,135),29,50

第五趟：(29,35,61,78,89,135),50

第六趟：(29,35,50,61,78,89,135)

6. 【解答】

依题意，采用归并排序法排序的各趟的结果如下：

初始：11,18,4,3,6,15,1,9,18,8

第一趟：[11,18] [3,4] [6,15] [1,9] [8,18]

第二趟：[3,4,11,18] [1,6,9,15] [8,18]

第三趟：[3,4,11,18] [1,6,8,9,15,18]

第四趟：[1,3,4,6,8,9,11,12,18,18]

第五趟归并完毕，则排序结束。

7. 【解答】

采用基数排序方法时间复杂度最佳。因为这里英文单词的长度相等，且英文单词是由 26 个字母组成的，满足进行基数排序的条件。另外，依题意，$m \ll n$，基数排序的时间复杂度由 $O(m(n+rm))$ 变成 $O(n)$，因此时间复杂度最佳。

8. 【解答】

采用快速排序的一趟排序思想，算法描述如下：

```
public static void divide(int[] a) {
    int i = 0, j = a. length - 1, x;
        while(i < j)          {
            while(i < j && a[j] > = 0)
                j -- ;
            while(i < j&&a[i] < 0)
```

```
                i ++ ;
            if( i < j ) {
                x = a[ i ] ;
                a[ i ] = a[ j ] ;
                a[ j ] = x ;
            }
        }
```

9. 【解答】

(1)

```
public class RecType < T extends Comparable < T >> {
    T key;
    Object data;
}
RecType < T > [ ] list;
```

(2) 计数排序算法:

```
/ * *
 * 待排数组 a,票箱数组 b,a 表中所有待排序的关键字互不相同
 * 对于给定的输入序列中的每一个元素 x,确定该序列中值小于 x 的元素的个数
 * 根据个数的多少,直接可以将 x 放到个数的位置上
 */
public static < T extends Comparable < T >> void countSort( RecType < T > [ ] a, RecType < T >
[ ] b) {
    int k = a. length;
    int count;
    for( int i = 0; i < k; i ++ ) {
        count = 0;
        for( int j = 0; j < k; j ++ )
            if( a[ j ]. key. compareTo( a[ i ]. key) < 0)
                count ++ ;
        b[ count] = a[ i ];
    }
}
```

(3) 对于有 n 个记录的表, 关键字比较的次数是 n^2

(4) 直接选择排序比这种计数排序好, 因为对有 n 个记录的数据表进行简单排序只需
进行 $1 + 2 + \cdots + (n - 1) = \dfrac{n(n - 1)}{2}$ 次比较, 且可在原地进行排序

10. 【解答】

```
public static < T extends Comparable < T >> void insertSort( LinList < T > l) {
    liststructure. LNode < T > p;
    LNode < T > q, r, u;
```

```
p = l. getHead( ). getNext( );
l. getHead( ). setNext( null);
//置空表,然后将原链表结点逐个插入到有序表中
while( p != null) { //当链表尚未到尾,p 为工作指针
    r = l. getHead( );
    q = l. getHead( ). getNext( );
    while( q != null &&( q. getData( ). compareTo( p. getData( )) <=0)) {
        //查 p 结点在链表中的插入位置,这时 q 是工作指针
        r = q;
        q = q. getNext( );
    }
    u = p. getNext( );
    p. setNext( r. getNext( ));
    r. setNext( p);
    p = u;
    //将 p 结点链入链表中,r 是 q 的前驱,u 是下一个待插入结点的指针
}
```

11.【解答】

设立了三个指针。其中,j 表示当前元素,i 以前的元素全部为红色,k 以后的元素全部为蓝色。这样,就可以根据 j 的颜色,把其交换到序列的前部或者后部。

```
public enum Color { //三种颜色
        RED,WHITE,BLUE
}
public static void hollandFlag( Color[ ] array) {
        int i =0,j =0,k = array. length −1;
        Color t;
        while( j <= k)
            switch( array[ j]) {
            case RED:
                t = array[ i];
                array[ i] = array[ j];
                array[ j] = t;
                i ++ ;
                j ++ ;
                break;
            case WHITE:
                j ++ ;
                break;
            case BLUE:
                t = array[ j];
                array[ j] = array[ k];
                array[ k] = t;
```

        k--;   //这里没有 j++;语句是为了防止交换后 a[j]仍为蓝色的情况
    }
}

12. 【解答】

（1）当每个记录本身的信息量很大时，应尽量减少记录的移动，直接插入、冒泡和简单选择排序的平均时间复杂度都为 $O(n^2)$。但简单选择排序中记录移动的次数最少，所以选用简单选择排序为佳

（2）在直接插入、冒泡和简单选择排序中，直接插入和冒泡排序是稳定的，而且两者在关键字呈基本正序时都居于最好时间复杂度 $O(n)$，因此可从中任选一个方法

（3）就平均时间性能而言，基于比较和移动的排序方法中快速排序最佳

（4）快速排序在最坏情况的时间复杂度为 $O(n^2)$，而堆排序和二路归并排序最坏情况的时间复杂度为 $O(n\log_2 n)$，其中堆排序不稳定，所以应选择二路归并排序

（5）按照关键字的结构，这种情况下使用基数排序为最好

13. 【解答】

```
public void insert( RecType < T > x) {
    int n = heap. size( );
    heap. add( x) ;//把要插入结点放到最后
    int j = n - 1;
    //从下向上逐层比较
    while( j > 0) {
        int i = ( j - 1)/2;
        if( heap. get( j). key. compareTo( heap. get( i). key) < 0) {
            RecType < T >  temp = heap. get( i) ;
            heap. set( i,heap. get( j) ) ;
            heap. set( j,temp ) ;
        } else
            break;
        j = i;
    }
}
```

14. 【解答】

```
public static  < T extends Comparable < T >> boolean checkMax( BiTNode < T > t) {
    BiTNode < T >  p = t;
    if( p == null)
        return true;
    else if( p. getLeft( ) == null && p. getRight( ) == null)
        return true;
    else {
        if( p. getLeft( ) != null && p. getRight( ) != null) {
            if( p. getLeft( ). getData( ). compareTo( p. getData( ) ) <= 0
                && p. getRight( ). getData( ). compareTo( p. getData( ) ) <= 0) {
```

```java
                    return checkMax(p.getLeft()) && checkMax(p.getRight());
                } else
                    return false;
            } else if(p.getLeft() != null && p.getRight() == null) {
                if(p.getLeft().getData().compareTo(p.getData()) <= 0)
                    return checkMax(p.getLeft());
                else
                    return false;
            } else if(p.getLeft() == null && p.getRight() != null) {
                if(p.getRight().getData().compareTo(p.getData()) <= 0)
                    return checkMax(p.getRight());
                else
                    return false;
            } else
                return false;
        }
    }
```

15. 【解答】

```java
public static void quickSort(String[] list) {
    quickSort(list, 0, list.length - 1);
}
/** 将基准前面的元素和后面的元素分别进行递归的快速排序 */
public static void quickSort(String[] list, int low, int high) {
    int i, j;
    String x;
    if(low < high) {
        i = low;
        j = high;
        x = list[low];
        do {
            while(i < j && list[j].compareTo(x) >= 0)
                j--;
            if(i != j) {          //左移到 list[i]
                list[i] = list[j];
                i++;
            }
            while(i < j && list[i].compareTo(x) < 0)
                i++;
            if(i != j) {          //右移到 list[j]
                list[j] = list[i];
                j--;
            }
        } while(i != j);          //划分结束
        list[i] = x;              //将存放在 x 中的串移到 A[i]中
```

```
            quickSort(list,low,i-1);          //对左区间 A[low..i-1]进行快速排序
            quickSort(list,i+1,high);         //对右区间 A[i+1..high]进行快速排序
        }
    }
```

16. 【解答】

(1) 由叶子到根将（k1，k2，…kn）调整为大根堆

```
        public void insert(RecType < T > x){
                int n = heap. size();
                heap. add(x);          //把要插入结点放到最后
                int j = n-1;
                //从下向上逐层比较
                while(j >0){
                    int i = (j-1)/2;
                    if(heap. get(j). key. compareTo(heap. get(i). key) >0){
                        RecType < T >  temp = heap. get(i);
                        heap. set(i,heap. get(j));
                        heap. set(j,temp );
                    }else
                        break;
                    j = i;
                }
        }
```

(2) 利用 (1) 的算法建大根堆的算法如下

```
        public MinHeap(RecType < T >[ ] a){
                for( int i = 0;i < a. length;i ++ )
                    insert(a[i]);
        }
```

17. 【解答】

因为在链表上只能顺序存取，所以对于那些需要按一定间隔存取数据的排序算法，如希尔排序、快速排序和堆排序等都不合适。易于在链表上实现的排序算法有直接插入排序、冒泡排序、直接选择排序、归并排序和基数排序等。

18. 【解答】

本题实质是对一些字符串进行排序，可以采用多种排序方法进行排序，这里采用 shell 排序，从而可得算法程序为：

```
        public static void main(String[ ] args){
                String[ ] list = {"China","America","England","Canada"};
                shellSort(list,list. length);
                for(int i = 0;i < list. length;i ++ )
                    System. out. print(list[i] +" ");
        }
```

```java
public static void shellSort(String[] list,int length) {
    int group,i,j;
    for(group = length/2;group > 0;group / =2) {
        for(i = group;i < length;i ++ ) {
            String temp = list[i];
            for(j = i – group;j > =0 && list[j]. compareTo(temp) >0;j – = group)
                list[j + group] = list[j];
            list[j + group] = temp;
        }
    }
}
```

第11章　课程设计算法程序

【一元稀疏多项式计算器算法程序】

类图设计：

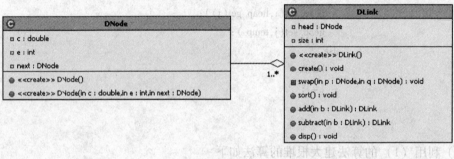

```java
public class DNode {              //定义多项式每一项
    private double c;             //c 为系数
    private int e;                //e 为指数
    private DNode next;           //next 指向下一项
    public DNode() {
    }
    public DNode(double c,int e,DNode next) {
        this. c = c;
        this. e = e;
        this. next = next;
    }
    public double getC() {
        return c;
    }
    public void setC(double c) {
        this. c = c;
    }
    public int getE() {
        return e;
    }
}
```

```java
        public void setE(int e) {
            this.e = e;
        }

        public DNode getNext() {
            return next;
        }

        public void setNext(DNode next) {
            this.next = next;
        }
    }

public class DLink {
    DNode head;
    int size;
    public DLink() {              //用链表存放多项式(带头结点)
    }
    public void create() {
        Scanner sc = new Scanner(System.in);
        int e, n;                 //n 为多项式的项数
        double c;
        head = new DNode();       //分配头结点
        do {                      //当 n 小于 1,则重新输入
            System.out.println("enter n:");
            n = sc.nextInt();
        } while(n < 1);
        for(int i = 1; i <= n; i++) {
            System.out.println("enter " + i + " c e:");
            c = sc.nextDouble();
            e = sc.nextInt();
            DNode p = new DNode(c, e, head.getNext());   //用头插法建立链表
            head.setNext(p);
        }
    }
    private void swap(DNode p, DNode q) {      //交换 p,q 指针所指的指数和系数
        double temp;
        int temp1;
        temp1 = p.getE();
        p.setE(q.getE());
        q.setE(temp1);
        temp = p.getC();
        p.setC(q.getC());
        q.setC(temp);
    }
    public void sort() {                        //采用冒泡法对链表每一项重新排序
        DNode pi, pl, p, q;
        p = head.getNext();
```

```
        while( p. getNext( ) != null)
            p = p. getNext( );
        pi = p;                                              //pi 指向最后一次交换的位置,初值为表尾
        while( pi != head. getNext( )){
            pl = head. getNext( );                           //pi 为中间变量,起传递地址的作用
            for( p = head. getNext( );p != pi;p = p. getNext( )){
                q = p. getNext( );
                if( p. getE( ) < q. getE( )){
                    swap( p,q);
                    pl = p;
                } else if( p. getE( ) == q. getE( )){
                    p. setC( p. getC( ) + q. getC( ));
                    p. setE( p. getE( ));
                    p. setNext( q. getNext( ));
                    q = q. getNext( );
                }
            }
            pi = pl;
        }
    }
    public DLink add( DLink b){                              //稀疏多项式加法
        DNode p1,p2,p = null;
        DNode t = new DNode( );                              //t 为结果链表的表头
        DNode end = t;
        p1 = this. head. getNext( );
        p2 = b. head. getNext( );
        while( p1 != null && p2 != null){
            if( p1. getE( ) ==p2. getE( )){                  //指数相同
                double x = p1. getC( ) + p2. getC( );

                if( x !=0)
                    p = new DNode( x,p1. getE( ),null);      //尾插法
                p1 = p1. getNext( );
                p2 = p2. getNext( );
            } else if( p1. getE( ) > p2. getE( )){           //p1 的指数大于 p2 的指数
                p = new DNode( p1. getC( ),p1. getE( ),null);
                p1 = p1. getNext( );
            } else {                                         //p2 的指数大于 p1 的指数
                p = new DNode( p2. getC( ),p2. getE( ),null);
                p2 = p2. getNext( );
            }
            end. setNext( p);
            end = p;
        }
        while( p1 != null){                                  //p2 为空,p1 不为空时
```

```java
                p = new DNode(p1. getC( ) ,p1. getE( ) ,null) ;
                end. setNext(p) ;
                end = p;
                p1 = p1. getNext( ) ;
            }
            while( p2 != null) {                    //p1 为空,p2 不为空时
                p = new DNode(p2. getC( ) ,p2. getE( ) ,null) ;
                end. setNext(p) ;
                end = p;
                p2 = p2. getNext( ) ;
            }
            DLink result = new DLink( ) ;
            result. head = t;
            return result;
        }
        public DLink subtract( DLink b) {           //稀疏多项式加法
            DLink h = new DLink( ) ;
            DNode p = b. head. getNext( ) ;
            DNode q = new DNode( ) ;
            h. head = q;
            while( p != null) {
                DNode t = new DNode( - p. getC( ) ,p. getE( ) ,null) ;
                q. setNext(t) ;
                q = t; p = p. getNext( ) ;
            }
            //h. disp( ) ;
            return add( h) ;
        }
        public void disp( ) {                       //打印结果
            DNode p = head. getNext( ) ;
            if( p == null) {
                System. out. println( "0") ;
                return;
            }
            while( p != null) {
                System. out. printf( "( %3. 1f,% d)" ,p. getC( ) ,p. getE( ) ) ;
                p = p. getNext( ) ;
            }
            System. out. println( ) ;
        }
    }
    public class Test {
        public static void main( String[ ] args) {
            DLink a = new DLink( ) ;
            DLink b = new DLink( ) ;
```

```
            a. create( ) ;
            b. create( ) ;
            a. sort( ) ;
            b. sort( ) ;
            a. disp( ) ;
            b. disp( ) ;
            System. out. println( "Please select opration:" ) ;
            System. out. println( "1. + " ) ;
            System. out. println( "2. - " ) ;
            System. out. println( "select( 1 - 2) :" ) ;
            Scanner sc = new Scanner( System. in) ;
            boolean continueInput = true;
            int select = - 1 ;
            do {
                try {
                    select = sc. nextInt( ) ;
                    continueInput = false;
                } catch( Exception e) {
                    System. out. println( "Try again.  An Integer is required" ) ;
                    sc. nextLine( ) ;
                }
            } while( continueInput) ;
            DLink c = null;
            switch( select) {
            case 1 :
                c = a. add( b) ;
                break;
            case 2 :
                c = a. subtract( b) ;
            }
            c. disp( ) ;
        }
    }
```

程序运行结果如下:

```
enter n:3
enter 1 c e:8 3
enter 2 c e:7 2
enter 3 c e:9 1
enter n:2
enter 1 c e:6 1
enter 2 c e: - 4 5
1. +
2. -
select( 1 - 2) :2
(4. 0,5)(8. 0,3)(7 - 0,2)(3. 0,1)
```

附录 B　实验报告格式

一、需求分析

陈述程序设计的任务，强调程序要解决的问题是什么。明确规定输入的形式和输入值的范围；输出的形式；程序所能达到的功能；测试数据。

二、设计

设计思路：写出存储结构，主要是算法的基本思想。

设计表示：每个操作及模块的伪码算法。列出每个过程或函数所调用和被调用的过程或函数，也可以通过调用关系（层次）图表示。

实现注释：各项功能的实现程度，在完成基本要求的基础上还实现了什么功能。

三、调试分析

调试过程中遇到的主要问题是如何解决的，对设计和编码的回顾讨论和分析；改进设想；经验和体会等。

四、测试结果

列出测试结果，包括输入和输出。这里的测试数据应该完整和严格，最好多于需求分析中所列。

五、用户手册

说明如何使用编写的程序，详细列出每一步操作步骤。

六、附录

即带注释的源程序清单和结果。除原有注释外再加一些必要的注释和断言（关键语句或函数功能的注释）。对填空题和改错题还要写出正确答案，如果题目规定了测试数据，则结果要包含这些测试数据和运行输出，当然还可以包含其他测试数据及其运行输出。

参考文献

[1] 严蔚敏，吴伟民. 数据结构题集［M］. 北京：清华大学出版社，1999.

[2] 李春葆. 数据结构习题与解析［M］. 北京：清华大学出版社，2002.

[3] 曹桂琴，郭芳. 数据结构学习指导［M］. 大连：大连理工大学出版社，2003.

[4] 赵仲孟，张蓓. 数据结构典型题解析及自测试题［M］. 西安：西北工业大学出版社，2002.

[5] 胡元义，邓亚玲，徐睿琳. 数据结构课程辅导与习题解析［M］. 北京：人民邮电出版社，2003.

[6] 阮宏一. 数据结构实践指导教程［M］. 武汉：华中科技大学出版社，2004.

[7] 邓文华，戴大蒙. 数据结构实验与实训教程［M］. 北京：清华大学出版社，2004.

附录 C　课程设计报告格式

一、课程设计概述

本次数据结构课程设计共完成三个题目：成绩分析问题、教学计划编制问题、农夫过河问题。

使用语言：Java 语言。

编译环境：MyEclipse 8.6。

二、课程设计题目一

【实验内容】

成绩分析问题。

【问题描述】

设计并实现一个成绩分析系统，能够实现录入、保存一个班级学生多门课程的成绩，并对成绩进行分析等功能。

【需求分析】

经过分析，本系统需完成的主要功能如下：

1. 通过键盘输入各学生的多门课程的成绩，建立相应的文件 input. dat。

2. 对文件 input. dat 中的数据进行处理，要求具有如下功能：

1）按各门课程成绩排序，并生成相应的文件输出。

2）计算每人的平均成绩，按平均成绩排序，并生成文件。

3）求出各门课程的平均成绩、最高分、最低分、不及格人数、60~69 分人数、70~79 分人数、80~89 分人数、90 分以上人数。

4）根据姓名或学号查询某人的各门课成绩，重名也要能处理。

3. 界面美观。

【系统静态模型】

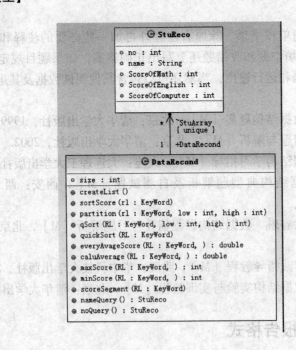

【关键算法设计】

　　　　int partition(KeyWord[ ] rl,int low,int high) //快速排序第一趟

用第一个记录作枢轴记录；		
while(low < high)		
while(low < high&& RL［high］. score >= keypivot)		
－－high；		
高端记录下移；		
while(low < high && RL［low］. score <= keypivot)		
＋＋low；		
低端记录上移；		
将枢轴放到适当位置		
return low；		

【系统测试】

测试用例编号		版本号	
测试环境			
用例名称			
前提条件			
测试步骤			
输入数据			
预期输出			
实际输出			
问题描述			
设计人		设计日期	
测试人		测试日期	
再测试人		再测试日期	
问题修改摘要			
修改人		修改日期	

【运行结果及分析】

从屏幕上截图，说明运行结果，并分析是否正确，正确的原因。

三、参考文献

［1］Y Daniel Liang. Java 语言程序设计：基础篇［M］．8 版．北京：机械工业出版社，2011.

［2］严蔚敏、吴伟民．数据结构［M］．北京：清华大学出版社，2005.

参考文献

[1] 陈媛，涂飞，卢玲，等. 算法与数据结构（Java 语言描述）［M］. 北京：清华大学出版社，2012.

[2] 刘小晶，杜选. 数据结构（Java 语言描述）［M］. 北京：清华大学出版社，2011.

[3] 卢玲，陈媛. 数据结构学习指导及实践教程［M］. 北京：清华大学出版社，2013.

[4] 刘小晶. 数据结构实例解析与实验指导——Java 语言描述［M］. 北京：清华大学出版社，2013.

[5] Y Daniel Liang. Java 语言程序设计：进阶篇［M］. 8 版. 李娜，译. 北京：机械工业出版社，2011.

[6] 严蔚敏，吴伟民. 数据结构：C 语言版［M］. 北京：清华大学出版社，1996.

[7] 朱战立. 数据结构——Java 语言描述［M］. 北京：清华大学出版社，2005.

[8] 徐传运，张杨，王森. Java 高级程序设计［M］. 北京：清华大学出版社，2014.